知味

六畜興旺

朱振藩 著

生活 · 讀書 · 新知 三联书店　生活書店 出版有限公司

图书在版编目（ＣＩＰ）数据

 六畜兴旺 / 朱振藩著 .—北京 : 生活书店出版有
限公司 , 2020.7
  ISBN 978-7-80768-325-4

 Ⅰ . ①六… Ⅱ . ①朱… Ⅲ . ①饮食－文化－中国
Ⅳ . ① TS971.2

 中国版本图书馆 CIP 数据核字 (2020) 第 029321 号

责任编辑　廉　勇
装帧设计　罗　洪
责任印制　常宁强
出版发行　生活書店 出版有限公司
　　　　　（北京市东城区美术馆东街 22 号）
邮　　编　100010
图　　字　01-2015-3878
印　　刷　北京顶佳世纪印刷有限公司
版　　次　2020 年 7 月北京第 1 版
　　　　　2020 年 7 月北京第 1 次印刷
开　　本　880 毫米 ×1230 毫米 1/32　印张 7.5
字　　数　125 千字
印　　数　0,001-5,000 册
定　　价　38.00 元
（印装查询：010-64052612；　邮购查询：010-84010542）

夜打春雷第一声，满山新笋玉棱棱。

买来配煮花猪肉，不问厨娘问老僧。

——金农《花果册题诗》

目录

序一　了解才知美味

作家　王宣一

　　这是一本有系统的论述书，包含对鸡、猪、牛、羊、马等数种肉类食材的介绍，包括肉类的来源、六畜的饲养与古今烹煮的方法，简单地说，这也是一本中华饮食之中肉类食物的总整理。

　　中华饮食历史久远，饮食文化博大精深，从南到北，由西至东，历经贫穷或富贵，鸡鸭鱼天上飞的地上走的水里游的，几乎除了食物链的最上端，可以说是无所不吃。对于饮食的讲究，从宫廷到寻常百姓都有不同的见解。所谓"饮食无禁忌"，但世人对食物也难免有偏见，各有观点。一般来说，我们习惯食用的猪肉，对于西北地区就完全不是那么回事儿，甚至现代人视为野蛮食物的个别肉类，在某些地区却是最基本的蛋白质的摄取来源。到底是吃猪肉的人比较文明还是吃老鼠肉的人比较文明？我们从粗食演变到精食，现在又走回最自然的食材与最简单的烹煮。这些饮食观念的轮替，代表的是什么意义？

《六畜兴旺》的作者朱振藩，在朋友之间大家习惯称他朱老师。被尊称为老师，当然有一定程度的学识与涵养。朱老师嗜读古籍，读得广也读得精。我常常向他请益，尤其是讲到中华饮食中某些食材或某道菜肴，朱老师几乎很快地就能说出其特色、典故和原本的做法，见微知著，学识过人，并且旁征博引，综合各家说法，通常还加上本身丰富的阅历。

朱振藩对食物的各种典故不仅是了解，同时也是实践者，上天下海追逐美食，更用心于追求食物最原始的做法。事实上，一种食物一道菜肴，最原始的做法与搭配一定有它的道理，食材和当地的环境有绝对的关系，羊肉之所以受到蒙古族、藏族的喜爱，气候、土地都是不可分的因素。但现在科技千里迢迢地迁移原本土生土长的食材，食材一离开了原本的土地，自然就产生了变化，因此习惯吃猪肉的汉族，对于羊肉的腥味不易接受。以炖煮为主的中式牛肉，若选用草食的澳洲牛，也无法做出不柴不涩美味的红烧或清炖牛肉，澳洲牛肉有当地的吃法，美国牛肉、英国牛肉都不相同，中国南方、北方当然也不一样，清炖的、红烧的、涮锅的、卤的、炒的种种。朱振藩从典籍之中寻找源头，充分了解食材原来的产地和做法，才更能引导出食物深层的美味。

《六畜兴旺》不只是一本肉类食材的教科书或指南，同时也有作者个人饮食上的许多体验。朱振藩对食材没有霸道的偏见，他勇于尝试各种食材和各种做法，是个真正对食物有研究且热情的老饕，没有一般人可以吃的食材是他所不吃的，甚至还吃过许多一般人认为不合时宜的食物。但他这样大方向地追求美食，并不代表他的品位不够高雅，相反地，我认为他对吃过或没吃过的每一种食物，都能说古道今，考究其起源，追溯其做法，品尝其口味，这种态度是对食物的尊重，而不是对食物的野蛮。

朱振藩的文章和他平日说的笑话，与他勇于冒险品尝美食一样，有着一种不合时宜的趣味。那种古早的趣味，让我们重新领略中国古代人的生活情趣和闲情雅意。从这本书里，我们获得许多启发，六畜的巨大世界中还有很多我们所不了解的部分，读这本书，深刻地发现了自己对食材之蛮横与无知、偏见与僵化的思维。中华饮食何其精深，了解愈多才会愈加珍惜，并且更能善加处理，这才是对食材尊重的一种态度。

序二　我肯定人生是彩色的！从遇上朱振藩老师开始

主持人、作家　林书炜

　　江湖上盛传有一位美食大师品尝过五万道菜、喝过上千种中国酒及洋酒；且这人只要看一眼菜品的形态与色泽，便能判定这菜的火候与功力；尝一口食材，便能引经据典，细数其渊源典故，娓娓道来其中的演变以及各种做法，一点儿不含糊，可谓武功盖世！

　　嘿嘿，我确定是前辈子修了什么福，竟然有幸开始跟着这位盖世大师吃起人间美食。初入门时，朱老师解释着饮食的三大境界："食物入嘴第一口感觉，是一种本能，关系到舌头味觉的生理能力，这是第一境界；伴随着饮食经验的拓展，对于食物的赏味能力，就迈入第二境界；至于第三个境界，才是真正尝得食物真味的境界。"我傻傻地听，再嚼嚼舌根，心想，此人高深莫测啊！

跟着朱大师闯荡人间美食的这几年，吃过不少美味，尤其是餐厅老板听到"朱振藩"的名号，往往就会倾全力准备最好的食材、下最大的功夫、搬出最好的绝活，等待的往往是大师的一句称赞或建言，也便宜了我们这些跟着朱大师的徒子。朱大师爱吃、敢吃、能吃，对于美食的要求也从不说场面话。我就曾经听一位亲近的朋友W说，有一次，在一家装潢顶级的餐厅里，大师低声对她评论食色的词句，一针见血到慑人……当天吃的是江浙菜，菜色准备甚有诚意，吃过一轮，却还等不到大师的一句话……到了最后一道鸡汤时，大师不张扬、低调地转头对着身旁的W说出了当天唯一一句对菜色的评论。大师压低频率说："这一道汤有个优点……"W此时瞪大眼，凑近，洗耳恭听。接着，朱大师吐出了几个字："嗯……这道汤有一个优点……就是够烫！"

　　如此刁钻评论的背后，是朱振藩大师对于每种食材考究的超人厚度。

　　这次阅读朱大师的《六畜兴旺》，更是兴味盎然！牛、羊、马、猪、鸡、狗，一字一句跟随着大师的文字神游到古代去追它们的出身，以为如梦一场时，大师又把我们带回现实，真切地告诉我们："精馔美味可追寻得到啊！"朱振藩大师用文学的功底，揭示口腹味觉的美学，他可算是海峡两岸的第一美食艺术家！

　　而我，在朱大师所言的美食三境界中，显然还在第一境界挣扎、突围；唯一能挂嘴边的可取优点是，吃东西、喝好酒完全没有别扭劲儿，也从不在意是否失去仪态；美食当前，"冲锋陷阵"是必备之要啊！

自序 肉食之人何曾鄙

我服兵役时，抽中"金马（注：前线的金门、马祖）奖"，甫出训练中心，即在寿山待命。搭乘"开口笑"（注：平底的两栖登陆舰）当天，正值风狂浪巨，一路天旋地转，终于抵达金门，分发至天山干训班，而且一直待到退伍。而今回想起来，那段一年又九个月的日子里，其间有苦有乐，种种况味无穷，但所得最多者，则在"饮食"二字，当时口福之好，还真羡杀人也。

天山干训班，乃小径师士官队的通称。本队的编制，只有十个人，我即为其一。其他的教育班及伙房弟兄，皆由别的营调来。由于当时师长林强特别重视士官的养成教育，故奉调至此者，个个皆为一时之选。其伙食之棒，远非师部可及，更是有口皆碑。其中，又以编制内的胡玉文君，身手尤为了得。此君早在服役前，即是台北知名餐馆"致美楼"的主厨，刀火功高，能烧一手好菜，操办整席上馔。另，每天早上制作馒头、豆浆的江君，则是基隆"欣欣餐厅"的点心师傅，味美自不待言。我有幸处其间，加上天性好吃，当然如鱼得水，天天悠游其中，快乐得不得了。

伙房除胡君外，另外五位同袍，皆小学未毕业，甚至有未读小学者。每当我闲来无事，便跑到厨房转悠，因而厮混得极熟。他们这几位的家书，一向由我代笔，感情甚笃、水乳交融，自在情理之中。有这革命情感，凡是有好吃的，我无不先尝为快，而且吃到过瘾。是以军中岁月，对在金、马服役的大多数人来说，真是无聊亦复劳累，苦不堪言。我则内心别有寄托，且此中有大快乐处，从未觉得日子难捱。

1978年除夕那天下午，我与文书二人，为了春节应景，分别在康乐室的两张桌球台上写春联，供同袍张贴于各坑道口（注：本单位落脚处，介于白乳山及双乳山间的中山纪念林，其前身为装甲连，住所皆由弹药库改成，目前已是金门公园所在地）。伙房弟兄觉得有趣，也向我们索取，准备张贴各处。文书林兄大笔一挥，写下"六畜兴旺"四字，原以为他们会张贴在猪舍上，没想到竟贴在自家的门口，还自鸣得意哩！第二天一早，辅导长望见，大吃一惊，忙令取下。此事因而传遍全队，听者无不捧腹大笑，引为开春第一趣闻。

我亲历此事，一直难忘怀，有心写本书，探讨六畜肉，终在《历史月刊》找到舞台。每届六畜之年，即撰长篇文章，详述其食法的源流及演变，有时因题材范围太广，须历数月始克完成。例如，猪写了五篇，牛亦写了五篇。

所谓六畜，即"人所饲"的"马牛羊，鸡豕犬"。只是西方人（如法国人）视狗为朋友，就爱吃马肉；东方人（主要为中国苏北、岭南、中原及韩国等地）视马为畜力，专喜食狗肉。由于文化差异，造成观念两极，这个本不足怪，如果自我设限，硬要强分彼此，甚至区分高低，西风压倒东风，那就着了色相，有点倒果为因，惹人啼笑皆非。

而今有机饮食当道，在媒体大力鼓吹下，以致蔬果胜过肉食，成为时代新宠，在大势所趋下，沛然莫之能御。其实，究竟宜素宜荤，本就因人而异，每人体质不同，不可强求一律。执此以观，烹调肉类所讲求的"食不厌精"及"五味三材，九沸九变"，端的是变化万千，食味不尽，以"流连忘返"谓之，倒也吻合实情。

我爱肉食，甚于菜蔬，对其精细深奥处，能说出个所以然。这二十几篇文章，只算是个起头，尚不足以尽其用，希望日后还有机会，可以继续探讨，而且精益求精，光大肉食主义。毕竟，肉食者不鄙，何况青菜、萝卜各有所爱，只要配合得宜，保持身体健康，没有丝毫病痛，管他吃多少肉，根本无须挂怀。同时，还可无拘无束、自在逍遥地吃，如此过活，不亦快哉！

新冠肺炎疫情，影响扩及全球，生鲜市场或许为其滥觞。当下享用肉品，莫贪口腹之欲，忽视卫生条件，把握此一原则，方能健康平安，身心幸福是幸。是为序。

细数牛杂好滋味

我就读台湾辅仁大学法律系时，偏嗜尝夜市某摊，其所卖二味，一为蛋包饭，另一为牛杂汤，前者镬气十足，香气弥漫，加上入口酸冽，很能诱人馋涎。后者则料多味厚，醇中带清，愈吃愈来劲儿。其时，摊子在稻田边，清风徐来，暑气全消。点此二品，细尝其味，然后看着老板舞刀弄铲，馨香四溢，在当时可是一大享受。此情此景，虽过了二十几年，至今仍深烙脑海，很想时光倒流，可以重温旧梦。

台湾的牛杂面，曾和牛肉面并卖，相得益彰。我爱牛杂，尤甚牛肉。说穿了，很简单。叫碗面吃，本想打个牙祭，好生受用一番。牛肉面常吃到干且柴的劣品，牛杂面则无此患，故在我的心目中，可与蹄花面和排骨面鼎足而立。像我目前居住的永和市，就有烧得很棒的牛杂面。

已故饮食名家逯耀东曾谓："过去永和那条大马路还没有拓宽的时候，道旁有家牛杂面，选的牛杂很精，多是牛胃部分，炖得很烂，广东煮法，颇有广东大排档的牛杂风味。"可惜的是，"后来路拓宽后不知搬到哪里去了"。后来在桥旁戏院[1]对面有家卖牛杂面的，他跑去试了一次，已和原来的那家不可以道里计了。其实，逯氏所言好吃的那家，类似潮汕风味，汤清肉烂，酥中带爽，甚是美味。至于不中吃的那家，现改在永和路上营业，奇的是这款红烧牛杂面，居然令此店天天爆满，委实不可思议，足见口味同嗜。

牛肚菜色多元花样百变

　　牛杂中最不可或缺的，就是牛肚。众所周知，牛有四个胃。第一胃名瘤胃（又称大胃、草肚），个头最大，状如地毯，也像草地，故名。色白富弹力，口感脆且爽。第二胃叫蜂巢胃（一称网胃、金钱肚），状似蜂巢，因而得名。第三胃称重瓣胃（另名牛百叶、毛肚），其特色是上有许多细褶，类似厚皮书的封面，夹着多瓣薄片，故名百叶。其色泽本黑，上市时有的会漂

1　中正桥边文化路上的永和大戏院，现已歇业。

白，以质地软实、手感有弹性、嗅之无味者，方为上品，可白灼、可氽烫、可生吃、可凉拌，味道极佳，乃饕家眼中的珍味。第四胃称皱胃（一名真胃、牛伞托），形似大肠，整体通红，含有许多消化酶，其利在帮助消化。不论是哪部位的牛胃，中医皆认为其疗效为补虚、益脾胃、养五脏、助消化，能治病后虚赢、气血不足、食少便溏、消渴、风眩等，效果非凡。另，据《本草纲目》上的说法：牛肚"醋煮食之，补中益气，解毒，养脾胃"。

早在先秦之时，牛已为六畜之一，列为三牲之首，称为太牢。屠牛是一门技艺很高的绝活，例如《管子》介绍过一位叫坦的屠夫，日解九牛。《庄子》所载的"庖丁解牛"，其事迹已达神乎其技的境地。当时，从天子以至庶民，莫不享受牛肉，只是做法不同。至于牛的内脏，该如何享用？见诸文字记载者，仅将牛肚切碎，腌制成菹菜，名为"脾析"，这只是道小菜。到了汉初，宫廷才用之于炙食。

据《西京杂记》记载："高祖（刘邦）为泗水亭长，送徒骊山，将与故人诀去。徒卒赠高祖酒二壶，鹿肚、牛肝各一。高祖与乐从者饮酒食肉而去。后即帝位，朝晡尚食，常具此二炙，并酒二壶。"由此可见，刘邦当上皇帝后，并不忘本，早晚餐常备烤鹿肚、烤牛肝及二壶佳酿。当时的烧法为何？想必是取用牛肝、香料、调味品为原料。烹制之前，先将牛肝洗净沥干，接着以香料、调味品腌渍一下，然后上铁叉于火中烤熟食用。由于牛肝一过火就硬韧，咀嚼不动，会暴殄天物，故司厨者须掌握好火候。

及至魏晋南北朝时，著名农书《齐民要术》收有"牛胘炙"一味。所谓牛胘，就是牛百叶。其法为："老牛胘，厚而脆（一本作'肥'）。划穿，痛蹙令聚。逼火急炙，令上劈裂，然后割之，则脆而甚美。若挽令舒申，微火遥炙，则薄而且韧。"老牛肚既厚又脆，不易烤透。但这儿采用了划外皮、串起、挤压使紧的手法后，近火急烤，让牛胘的上部产生刀劈似的裂缝，也就烤好了。将之割食，爽脆而美。如果反其道而行，把牛胘拉扯平整，再用小火远远隔着烤，必火力不透，则既薄且韧，不宜食用。看来在烤牛肚时，火要大而急，但"过犹不及"，味道就差了。

目前专做牛肚而成名的菜色，其最著者，分别是来自北京回民的爆肚和湖南传统名菜中的发丝牛百叶。

爆肚是天子脚下的著名小吃。它是把牛肚或羊肚按不同部位分割切片（条）后，以沸水爆热，蘸着调料而食。其妙在清鲜嫩脆，滋味醇厚不腻，故久住北京的人士无不爱吃，能解其中味者，大有人在。

爆牛肚专食蘑菇尖（皱胃）、肚仁（大胃）和散丹（百叶）

这三部位，以当天爆吃为佳。先清净去臭，再分门别类，切割成两到三厘米宽的小条。接着制作调料，也就是把香菜洗净，切成碎末，连同葱花、芝麻酱、酱油、醋、辣椒油、卤虾油和以原汁调稀的腐乳等，一起放入碗内调匀。另，吃爆牛百叶时，有人好蘸蒜酱，亦即将三两蒜去皮捣烂，加黄酱一斤、豆腐乳四块、芝麻油二两调匀即成。而在爆肚时，必先把半锅凉水旺火烧沸，按肚的不同部位，每次五两，分别下锅，以漏勺翻搅，越快越好，等到肚条由软转劲，或肚仁色呈白色，随即捞入盘中，蘸着调料享用。

民国初年，北京梨园名角姜纹特嗜爆肚。其时东安市场"润明楼"前空地的"老王爆肚摊"，手艺着实拔尖，可谓一时无两。只要"吉祥园"有戏，姜纹必到此饱啖一番。常打二两二锅头，再来两个麻酱烧饼佐餐。每当酒足饭饱，便说消痰化气，无逾于此。时人谓此乃知味之言。

发丝牛百叶为长沙市清真菜馆"李合盛"的名菜。该馆向以善烹牛肴而誉满潇湘，其中尤有名者，依序为发丝牛百叶、烩牛脑髓、红烧牛筋，号称"牛中三杰"。而今"李合盛"不复存在，但此菜已在长沙各大小餐馆中流传，一直是中高档筵席中颇受欢迎的佳肴之一。

先将新鲜的牛百叶切块、去黑膜再切丝，接着用黄醋、精盐拌匀，用力抓揉，去其腥气，再以冷水洗净，挤干水分。随即把炒锅置旺火上，倒入熟茶油，烧至八分熟，下玉兰片、干椒粉炒匀，然后下牛百叶合炒，浇入牛清汤、麻油、黄醋与水兑成的汁，再撒上青葱，翻炒数下，盛入盘中即成。其特点为色泽白净，形如发丝，味感丰富，集脆、嫩、鲜、辣、酸为一体。台湾老粤菜馆中的凉拌或炒牛肚丝，与此有异曲同工之妙，唯其味更加清隽而已。

然而，以牛杂入锅所制成的美味，莫过于以下两者，一是位于西南半壁的四川毛肚火锅，另一则是位于海角一隅的涮九门头。

毛肚火锅香气十足

根据李劼人先生的考证，早在20世纪20年代，与重庆一江之隔的江北县一带，有不少摊贩出卖水牛肉。四川本身多伊斯兰教徒，吃牛肉者颇众。何况当地的井盐车水之工，则赖板角水牛。天气寒浊，牛多病死；工作量重，牛多累死；且历时久，牛多老死。这些役牛，老病死者，数量庞大，加上质粗味酸，远不及黄牛好吃，于是削价求售，惠及贫苦之人。起先是沿嘉陵江两岸挑担的苦力，专食经济实惠的水牛肉，充当打牙祭的食品。水牛肉既有销路，其内脏除鲜卖一部分外，也得想办法推销出去，于是他们就把牛杂下锅略煮，紧其血肉，折价批给零售商贩去卖。零售商贩便挑担去江边码头空地或街头巷尾处，摆上几条长凳，担头置泥敷火炉一具，炉上置分格的大洋铁盆一只，盆内翻煎倒滚着一种又麻又辣又咸的卤汁，热辣鲜香，引人驻足。

接着，一群群蓝领阶级和讨得几文而欲肉食的朋友，蜂拥而至，围着担子，受用起来，"各人认定一格卤汁，且烫且吃，吃若干块，算若干钱"，既经济，又好吃，又热和，再加上二两烧酒，吃到酒足饭饱、称心如意为止。严寒时节，尤受欢迎。其生意之红火，蔚成街头一景。

直到1932年，重庆商业场街的"一四一火锅店"，将之高尚化起来，从担头移到桌上。"泥炉依然，只将分格洋铁盆换成了赤铜小锅，卤汁蘸料，也改为由食客自行配合，以求干净而适合各人的口味。最初的原料，只是牛骨汤、固体牛油、豆瓣酱、造酱油的豆母、辣椒末、花椒末、生盐等，待到卤汁合味，盛旺炉火将卤汁煮得滚开时，先煮大量蒜苗，然后将凉水漂着的黑色的牛毛肚片（已煮得半熟了），用竹筷夹着，入卤汁烫之，不能太暂，也不能稍久，然后合煮好的蒜苗共食。样子颇似吃涮羊肉而味则浓厚。"这是重庆毛肚火锅最正统且地道的吃法。

其后，重庆又有以生鸡蛋、芝麻油、味精作调和蘸料，说是能清火退热，这种另类食法，日后成为主流。此外，为了迎合外地来渝不吃辣的食客，当地发展出一种不加辣的"素味"火锅，虽然颇受省外人的欢迎，但对重庆人而言，只能算是"聊备一格"。

1946年，毛肚火锅正式传入成都，不仅研制极精，而且踵事增华，比重庆更为高明。所用泥炉依旧，但铜锅改为砂锅，豆母亦改成陈皮豆豉，另再加些甜醪糟（酒酿）。主食材除水牛毛肚片外，"尚有生鱼片，有带血的鳝鱼片，有生牛脑髓，有生牛脊髓，有生牛肝片，有生牛腰片，有生的略拌豆粉的牛腰肋、嫩羊肉，近年更有生鸭肠、生鸭肝、生鸭胗（肫）肝以及用豆粉打出的细粉条其名曰'和脂'者"，而在蔬菜方面，种类也加多了，有白菜、菠菜、豌豆尖、芹黄，以及洋莴笋、鸡窠菜等，不过，蒜苗仍是最主要的菜蔬，"无之，则一切乏味"，只是蒜苗是有季节性的，故"必候蒜苗上市，而后围炉大嚼"，因此"自秋徂冬，于时最宜"。显然在成都吃毛肚火锅有其季节性，每届秋风起兮，才会跃跃欲试。

重庆人吃毛肚火锅则不然，据饮馔名家车辐的描述，其场景乃"冬天当然好，夏天也很热闹，三伏天四十摄氏度以上高温，桌子坐凳皆烫时，伟大的重庆饮食男女照吃不误，虽然汗流浃背，却处之泰然。一手执筷，一手挥扇，在麻辣烫高温高热下，辣得舌头伸出，清口水长流之际，又可来上两根冰棍雪糕，以资调剂。勇士们越吃越来劲，除女性外，男士们吃得丢盔弃甲，或者干脆脱光，准备盘肠大战。中有武松打虎式，怒斩华雄式；不少女中英豪，颇有梁夫人击鼓战金山之概，气吞河山之势"。这段文字，极为传神，实将"三伏天吃毛肚，嘴烫汗流心安逸"的状况，写得鞭辟入里。

目前重庆火锅所调制的卤水极为讲究，要用四川产的郫县豆瓣、永川豆豉、冰糖等。先放牛油于锅中，熔化后加进豆瓣煸成红色，放川花椒、姜末快炒，嗅到香气时，添入牛肉汤，加豆豉、冰糖、川盐、料酒、辣椒面等，煮约一刻钟，再撇去汤面浮沫即成。至于里面的添加料，那就精彩多了，有的用罂粟壳，有的加进泡菜汁，甚至有的会加"见血封喉"的干海椒，五花八门，炫人耳目，扣人心弦。所以，车辐谓毛肚火锅"调料的增减、吃法，各家做法不一，一万家有一万家的口味"，即使吃得五脏俱焚，但是通体舒畅，其难过固在此，好过亦在于此。

涮九门头引人入胜

比较起来，源于福建连城、后传至台湾而成为讨海人最爱的"涮九门头"，纵无赫赫之名，却因滋养强身，亦曾风行一时，后与火锅合流，形成讨喜名品，流行全台各地。

所谓涮，就是把生的鱼、肉处理好后，分别切成薄片，蔬菜切好后装在盘内，桌上另置火锅，锅中放入适量高汤，下燃木炭，人们各自以筷夹肉片或蔬菜，放入滚烫的高汤内来回轻划或晃动数下，使其速熟，然后夹出蘸调料进食。在中国南方则有一种近似涮的烹饪方法，乃将荤、素食材切好后，利用小火炉先烧滚高汤，接着把准备好的食材分批放入烫熟，同时以筷子将食物上下翻动，使其均匀快熟，再蘸调味料进食，这种吃法，俗称吃火锅或火锅。且因调味料之不同而异其名。如云贵一带重辣椒，一称"油辣椒火锅"；潮州人士则爱蘸沙茶酱而食，故名"沙茶火锅"。

至于涮九门头的主食材，即牛身上九个部位的肉，分别是里脊肉、舌簧头、百叶肚、肚壁、肝、腰、脾、心和中宝（即睾丸，或以食道代之）等，除里脊肉外，大致可归为脏腑之属，也就是所谓的牛杂。火锅里翻腾的是用一斤鲜牛肉熬出的原汤，另加香藤根（补肾）、鸭掌草（祛风湿）、山奈（即沙姜）、陈皮、花椒、姜片、料酒等，一块儿熬出味为止。其吃法则是将九种主料整治干净后，将肉切成片，其他亦分别切成块、片或条状，等到汤滚沸后，再自力救济，依己意夹入主料，边涮边蘸着盐酒等调味料吃。由于肉香、酒香已融为一体，滋味特别，引人入胜，故逢年过节时，亲友团聚必少不得这一锅子美味。

早年所使用的盐酒，其配制挺费功夫，取低度米酒（其比例为五百克主料，用一千克米酒）配以草药辣薯（水蓼）、瓜子根、千里骑、鸭掌草（以上均为干品），盛入锡壶（亦有用铝锅者）中，置于大火锅内隔水炖煮，至酒沸并逸出香味，随即冲入精盐、姜汁即成。此法因加有中药材，民间普遍认为其具有通气活血、健脾补肾、清热祛湿及强健筋骨等功效，极适于从事海上作业者和老年人食用，曾在闽、台的沿海地区，流行了一个世纪之久。

而今台湾业者为省事及受潮汕人士的影响，其蘸料已改成用沙茶酱、芝麻酱、香醋、辣椒、姜汁及香菜所调成，虽风味亦甚佳，然食疗效果大减，显然今不如昔。

台湾真不愧是个美食天堂，专营毛肚（今改称麻辣）火锅和沙茶牛肉火锅的店家，如雨后春笋般在全台各地涌现，前者尤甚。在激烈竞争下，一年四季，从未间断，似可与重庆的盛况一较短长。

我固爱食牛杂，也嗜食上述二锅，但有种特别的牛杂锅，已久闻其名，迄今仍无缘一尝，此即西南边疆少数民族佤族特嗜的牛杂锅。很多人即使身历其境，也始终不敢染指一试。

佤族生活于中、印、缅边界的山区中，以"嗜臭如命"著称。近人古方在《野人山的奇风异俗》一文中指出：他们"以臭为香，愈是腐烂的东西，愈是爱吃。凡是肉类之物，先要埋在坑里，几天之后，直至腐烂发霉，甚至生蛆，才刨出来煮食，唯有这样，才觉得刺激够味"。

　　该族人喜啖水牛肉，但水牛珍稀罕见，故杀牛在当地成为一项大典。此一盛典多选在山下集会举行，先由几位斗牛大汉轮番上阵，将水牛斗到筋疲力尽，累倒在地为止。然后根据牛头倒地的方向以卜吉利。如果牛头倒向南方，南方即是吉位。接着割下牛头（夸耀财富的摆饰），再剥牛皮。观众随即一拥而上，将预备的饭团取出，争相蘸着鲜牛血吃。最后的重头戏是煮牛肉，完全不清洗，连牛身上的内脏一同入锅，不下盐、豉等调味料。一直煮到牛肠裂开，粪便沉于锅底，牛肠浮于汤面，才算大功告成。吃时也很简单，一一捞起猛啖，一块儿也不放过。

　　这种粗豪的吃法，真是骇人听闻。然而，一方水土养一方人，饮食习俗因地而异，其间并无所谓高下，只有干净与否之分。牛杂虽不贵，但烹饪得法，一样是美食。既可咀嚼细品，也可恣意快啖，只要能吃得适口惬意，任谁也管不着的。

麻婆豆腐超传奇

在中国的饮食史上，菜以人名命名的例子很多，像《旧京琐记》所云"士大夫好集于半截胡同之'广和居'……其著名者为蒸山药；曰潘鱼者，出自潘炳年[1]；曰曾鱼，创自曾侯（曾国藩）；曰吴鱼片，始自吴闰生"即是。然而，若论名气之响及流传之广，则非四川的名馔"麻婆豆腐"莫属。

麻婆豆腐的起源

此菜一称麻辣豆腐，原来其味"麻口"（吃进嘴里后，因花椒之故，而有这种感觉），而且相当辣，叫它"麻辣豆腐"，

---

1 一说为潘祖荫。

也算说得过去。不过，还是沿用它已成名百余年的老名字较佳，一则有趣得多，再则亲切有味，有思古之幽情。

关于本菜的起源，《成都竹枝词》《芙蓉话旧录》等书均有记载，后者叙述尤详，写道："北门外有陈麻婆者，善治豆腐，连调和物料及烹饪工资一并加入豆腐价内，每碗售钱八文，兼售酒饭，若须加猪、牛肉，则或食客自携以往，或代客往割，均可。其牌号人多不知，但言陈麻婆，则无不知者。其地距城四五里，往食者均不惮远。"本书作者为清人周询，对其由来、料理和计价方式等特色，皆有所着墨。

如将历史还原，此菜约创于清穆宗同治初年（1862），当时成都北郊有一"万福桥"[1]，这桥路通"苏坡桥"，两桥一带一直是土法榨油坊的吞吐地，凡成都城内所需照明和做菜用的菜油，大半取于此。据知名文化专家李劼人的说法："本来应该进出西门的，但在清朝时代，西门一角划为满洲旗兵驻防之所，称为'少城'，除满人外，是不准人进出的。"于是乎推大油篓的叽咕车夫和挑运菜油的脚夫们，在经过万福桥头的金花街时，便在此歇脚吃饭。当时，有一家纯乡村型的小饭店，即在此营业，名叫"陈兴盛饭铺"，专供应些家常饭菜给这些劳动者打发一顿，

---

1 此桥于 1947 年被大水冲毁。

聊以糊口。

这些家常菜,说穿了,只有咸菜和豆腐,其名曰"灰磨儿"。或许有回吃饭时,某劳动者动了念,想要奢华一下,在日常吃的白水豆腐、油煎豆腐、炒豆腐外,"加斤把菜油进去,同时又想辣一辣,使胃口更为好些",老板娘陈刘氏(由于她脸上有几颗麻子,人称她"陈麻婆")灵机一动,便发明了新做法:"将就油篓内的菜油在锅里大大地煎熟一勺,而后一大把辣椒末放在滚油里,接着便是猪(牛)肉片、豆腐块,自然还有常备的葱啦、蒜苗啦,随手放了一些,一烩,一炒,加盐加水,稍稍一煮,于是辣子红油盖着了菜面,几大土碗盛到桌上,临吃时再放一把花椒末。"红通通、香扑扑、热油油,好不过瘾。

劳工们一吃到口里,不由得大呼:"真是窜呀!"[1] 肉与豆腐既嫩且滑,同时味大油重,够刺激,且不像用猪油所烧的腻人。正因风味独具,自然大受青睐,嗜者蜂拥而至。待陈麻婆烧的豆腐出了名后,连城里的阔佬也垂青光顾。日子久了,起先的店名反为人所遗忘,只晓得该店叫"陈麻婆豆腐店"。到了清末民初,"陈麻婆之豆腐"店已与包席馆"正兴园""钟汤圆"等店家齐名,被列为成都的著名食品店,并载入傅崇榘于

---

1 此"窜"为四川土话,即美味之意,亦有作"爨"字的。

1909 年编写的《成都通览》中。冯家吉且在《锦城竹枝词百咏》中的一首赞云："麻婆陈氏尚传名，豆腐烘来味最精。万福桥边帘影动，合沽春酒醉先生。"给予极高的肯定。

"火候"是重点

此后陈麻婆与成都另一名人"王包子"一样，"以业致富"。在 20 世纪 20 年代初，在店内红锅上掌勺儿的，为师傅薛祥顺。据知名报人及美食家车辐的描述，他"人高高长长的，长方形的脸，有些清瘦，是一位埋倒脑壳只知道做活的'帮帮匠'（受雇于饭馆当个工人）。诚实朴素，很少言语，农历十月初一北门城隍庙会期，成都已开始冷了，而他还是一双线耳子草鞋，永远是那件油腊片的蓝布衣裳……以后几十年见他，从外形上看，好像变化不大"。光是从这个平凡的形象，实难想象出他那高超精湛的手艺。尤其是"他在红锅上用的一把小铲子，见方两寸多，被他经年累月炒呀铲呀，使用得只剩下三分之二了"，真是铁杵磨成绣花针，大不易哟！

车辐第一次和几个好吃的同学来到陈麻婆豆腐店，依照店规，分头去割黄牛肉、打油、买油米子花生。"牛肉、清油直接交到厨上，在牛肉里加上老姜，切碎"，然后向薛师傅说明有几个人、吃多少豆腐，他便按吩咐，开始在红锅上安排。由于去了几次，车辐和灶上混得厮熟，故对其烧豆腐的先后程序，记得一清二楚。

薛祥顺的手法为：“将清油倒入锅内煎熟（不是熟透），然后下牛肉，待到干烂酥时，下豆豉。当初成都‘口同嗜’豆豉最好，但他没有用，陈麻婆是私人饭馆，没有那么讲究；下的辣椒面，也是买的粗放制作那一种，连辣椒面把子一齐舂在里面——只放辣椒面，不放豆瓣，这是他用料的特点。”接着下豆腐：“摊在手上，切成方块，倒入油煎肉滚、热气腾腾的锅内，微微用铲子铲几下调匀，搀少许汤水，最后用那个油浸气熏的竹编锅盖盖着，在岚炭烈火下熠（乃一种以小火慢慢将汤汁收干的技法）熟后，揭开锅盖，看火候定局；或再熠一下，或铲几下就起锅。”于是一份四远驰名的麻婆豆腐就大功告成，可以端上桌子享用了。

好吃又爱动手做菜的车辐，每次都看薛师傅在做此菜，技痒难耐，回家试验。所用“作料比他的更齐全”，但从未将麻婆豆腐烧到他的水平。归纳其原因，就在个火候。也唯有如此，才能将麻婆豆腐这道菜的麻、辣、鲜、香、酥、嫩、烫的特色，发挥得淋漓尽致，让人们馋涎猛垂。

约一甲子之前，李劼人在《大波》一书中，总结此菜的历史特色，有一段生动的描写："'陈麻婆饭铺'开业八十余年，历三代而未衰，（20世纪）40年代虽仍处郊野，依然是门庭若市，掌厨者为其再传弟子薛祥顺。50年代始迁市内，现址在西玉龙街，除经营传统名菜麻婆豆腐外，还有多种豆腐菜飨客。"此外，他还穿插一段故事，写道："民国二十六年'七七'抗战以后，携儿带女到万福桥陈家老店去吃此美馔时，且不说还是一所纯乡村型的饭店：油腻的方桌、泥污的窄板凳，白竹筷，土饭碗，火米饭，臭咸菜。及至叫到做碗豆腐来，十分土气的幺师（即跑堂的伙计）犹然古典式地问道：'客伙，要割多少肉，半斤呢？十二两呢？……豆腐要半箱呢？一箱呢？……'而且店里委实没有肉，委实要幺师代客伙到街口上去旋割，所不同于古昔者，只无须客伙更去旋打菜油耳。"

由此观之，李劼人叙述的时间，应较车辐所言的略晚，其原因不外车辐那时候，清油得自己去买，而一些有经验的顾客，总会多买清油。"豆腐以油多而出色出味，这是常识了。虽说是常识，也有那种莫里哀的'悭吝人'，处处打小算盘，少打了清油"，巧妇难为无米之炊，莫怪豆腐烧不够味！此老不改幽默本色，还戏谑他们一下，说道："'食不厌精'，在于精到，要动脑筋，不在于山珍海味。"

陈麻婆豆腐店后来经营成功，生意红火，不仅开设了北门大桥、青羊宫分店，而且在 1995 年更被贸易部认定为"中华老字号"企业。近些年来，随着旅游事业的开展，不少海外人士慕名而至，无不以尝到"正宗"的麻婆豆腐为一快事，其脍炙人口有若此。

口味变变变

在此需一提的是，自薛祥顺 1973 年病逝后，陈麻婆豆腐店已由在店内事厨多年的厨师寇银光、艾禄华等掌勺。这些后起之秀，为了应付来自四面八方、如潮而至的食客，于原先的麻婆豆腐外，更在豆腐菜肴的烹制上，有所发展创新。但豆腐皆店家亲制，且自原料的选定、浸泡、推浆、摇浆、漂水等步骤，一律由师傅在场监督，才能确保质量。因为一出差错，就再也无法保证其纯白细腻等质量和即使久煮也不变质溃烂的特性来。难怪早年每日平均接待两千人次以上的顾客，进而造成座中客常满、盘中豆腐空的盛况。

该店既以经营各种豆腐菜肴著称，除一般的零餐、小吃外，又新添了集各式豆腐菜肴于一席的豆腐宴。传统名菜有麻婆豆腐、清汤豆腐、家常豆腐、三鲜豆腐、酱烧豆腐、菱角豆腐、豆腐鲫鱼、八宝豆腐羹等，创新菜则有腐筋双烩、金钱豆腐、凤翅腐竹、酥皮腐糕、鳝鱼豆腐、芝麻腐丝、豆渣鸭脯、酸菜豆花、瓜仁豆花、麻婆蚕豆及白玉江团等近八十个品种。琳琅满目，蔚为大观。

早在三十年前，"陈麻婆豆腐店"始终顾客盈门，为了应付客量需求，灶上已从以往的小锅单炒，变成大锅的"大伙庄稼"了，同时为了让不吃牛肉的顾客也能一膏馋吻，店家弃牛改猪，换成猪肉末，再添入豆瓣酱，人们照吃不误，即使味道有别，仍觉适口充肠，吃来爽快利落，加上物美价廉，何况它又保持基本要素，依旧显示得出川味的特色。只是关于滋味这点，已故食家唐振常即谓："现在用猪肉，大失其味。"车辐更感叹地说："豆腐没有用黄牛肉，等于失掉灵魂。"食者无从比较，殊不知一肉之改，实大异其趣。

约于五十年前，台湾业者在制作麻婆豆腐时，所用的食材中，油必用花生油，肉则牛、猪不拘。例如当时出版的《嫒珊食谱》，其"麻婆豆腐"的做法为：先将板豆腐切成七八分阔、一寸长的片状小块。接着把肉剁碎待用。铁锅内放油，热熟后将碎肉下锅爆炒七八下，随即把豆瓣酱、豆豉、红椒粉、酱油、盐、糖等入锅爆香，续加豆腐片及高汤，滚煮片刻，加葱、蒜、姜后，以水调太白粉下锅略为翻炒两铲，起锅之前加花椒粉与麻油。并谓此菜之秘诀在于麻、辣、烫、咸，其味特别鲜美，乃一道有名的四川菜，经济实惠。

　　至于当下食牛肉已极普遍且其来源不虞匮乏下，"陈麻婆豆腐店"亦改弦更张，专用牛肉。其制法为：选石膏豆腐，切四方丁放碗中，用开水泡去涩味。烧热铁锅下菜油，烧至六成熟，将剁细的牛肉末炒散，至色呈黄，加盐、豆豉、辣椒粉、郫县豆瓣再炒，加鲜肉汤，下豆腐，用中火烧至豆腐入味、汤面不断冒泡并有咕嘟之声，再下青蒜苗节、酱油。略烧片刻即勾芡收汁，视汁浓亮时盛碗内，撒花椒末即成。其成菜色泽红亮，豆腐嫩白，具有"麻、辣、鲜、烫、嫩、捆（指豆腐形整不烂）、酥（指牛肉末酥香鲜美）"的特色，麻辣之味尤为突出。

正宗"麻婆豆腐"在四川

　　其实，麻婆豆腐最妙之处，在于一"烫"字诀。吴白匋教授说得好："我发现（麻婆豆腐）好处就在于烫，因为温度可以加强食欲。说也奇怪，吃下一勺，再吃第二勺，就不感觉多么烫了……烫得头上出汗，全身却很舒服。"若光看外表，豆腐的表面，已覆盖一层红色的辣油，使灼热的豆腐不易降温。所以，初食此菜时，千万要当心，切莫以为与平常的没两样，实则内部可烫得很，但被辣油遮住，热气冒不出来。以致许多人并未提防，大口地吃入嘴中，结果着了道儿，烫得直叫。这种遭遇，就算不大好受，想想也还值得，只消上过一次当，绝对牢牢记住这个"滋味"，以后可以一勺一勺地享受其不凡的口感。

一个半世纪以来，随着川菜的传播，"麻婆豆腐"名扬四海，甚至蜚声国际。华人在海外开设的餐馆中，几乎均可见其踪迹，而且点食率极高。有些老外一吃，大声叫好，饭亦频频叫添，即便汗涔涔下，依旧眉开眼笑，真是不亦快哉！

日本人也是麻婆豆腐的支持及拥护者，馆子吃不过瘾，还得设法解馋。于是其罐头应运而生，并在世界各大城市兜销。吃罐头当然方便，但滋味相差太远，这也是不争的事实，充其量仅聊备一格，权且应个景罢了。

而今麻婆豆腐誉满全球，为了适应各方所需，自然因地、因人而异，口味多元，多半是减其辣，此乃势所当然，无须切责深怪。但说句老实话，万变不离其宗，终究是正宗地道的好吃。据说有位外国厨师抵达成都，吃了"陈麻婆豆腐店"的麻婆豆腐后，不禁脱口说出："糊里糊涂几十载，始识此君真面目。"这也印证了吴白匋的另一句名言："品尝川菜，非到成都不可。"

说真格的，麻婆豆腐尚有其他的做法，而且巧妙各有不同。像唐振常即谓："不要以为麻婆豆腐唯此独佳，前几年，在一个四川同乡家吃他烧的麻辣豆腐……将豆腐切为许多正方形片子，每两片之中夹作料（辣椒、花椒、牛肉末等），合为一方，蒸而食之。豆腐既整齐美观，吃起来每一块都其味透骨。"可惜的是，这个可称"独到家食"的菜色，竟隐而不彰，终让麻婆豆腐"独占市场而不传"。

此外，也可换个花样，把豆腐改成猪脑或牛脑，制作过程相同，称为"麻婆脑花"，口感极滑腴，滋味更香醇。惜乎现代人怕胆固醇过高，会引起心血管病变，早就不食脑髓，看来这个奇思，已成广陵绝响，令颇好其味的我不胜唏嘘。

曾著《家尝便饭》一书的醉公子表示：麻辣豆腐"这道菜只怕不够烫，因为除了麻辣鲜嫩，这道菜还更要求不只要烫嘴烫舌，最高境界还要'烫心'。如果在寒风飕飕的冬季吃来，也要让人头皮发麻，鼻尖冒汗，嘴巴不时发出嘶嘶声音，才算过瘾"。此言深得我心，在此附记一笔，想必各位看官亦觉心有同感吧！

集古今食牛大成（上）

　　古今中外，谈到刀工，最神乎其技的，恐莫过于《庄子》书中所描述的"庖丁解牛"了。庖丁之所以能臻此"游刃有余"的境界，主要是他在十九年的岁月里，曾肢解了数千头牛；而经他处理过的牛体，不消说，当然全祭人的五脏庙了。最让我感兴趣的是，当时（周朝）的人如何享受其美味，而后人又如何加以发扬光大的呢？

　　根据古文献的记载，周天子吃牛之法为捣珍、渍、熬及糁；上大夫和下大夫所经常食用的，则是牛炙、牛胾（zì）与牛脍；另，上从天子下至庶民均食牛醢、牛羹、牛臐（浓汤）、牛脯（肉干）和牛脩（干肉条）。此外，在烹调上也很考究，牛肉必和蔬菜一起煮食，它的配料绝对是嫩豆苗或蒲笋[1]；如果以煎的

1　枚乘的《七发》中，亦曾提及。

烧法成菜，一定是用猪油来煎。

　　捣珍的制法非常费工，选牛的脊侧肉烹制，肉需反复捶打，以便去掉筋腱，煮熟后即取出，除去肉上薄膜，然后把肉揉搓至软即成。吃时，以酱、醋调味食用。腌制的方法也很复杂，取现杀的牛的肉，沿着横的纹理，将肉切成薄片，接着浸酒中一日，第二天清晨取出，加酱、醋及梅酱等调料即成。熬的制法亦不遑多让，将生牛肉捶打成薄片，去除肉的筋膜，随即摊在芦草编的席上，把切细的桂皮、姜末撒在牛肉上，再以盐腌制一些时间，等到肉干后，将肉捣捶至柔软再食用。如想吃带汁的，就用水润开，加酱略煎即可。至于糁的做法，则是将牛肉细切，与稻米末混合，其比例约为一比二，经混合之后，即制成饼状，再以油煎之。以上所举，皆是周天子的食谱，"珍用八物"（简称"八珍"）的其中四种。由此可见，上方玉食的确"食不厌精"了。

　　其次，要谈的是周代上大夫及下大夫[1]食单中的牛炙、牛胾、牛脍这三样牛肉佳肴，一并聊聊其演进与发展的历史。

1　前者有二十道菜肴，后者为十六道菜肴。

一食上瘾的牛炙

牛炙即烤牛肉。关于炙的解释，《说文解字》："炙，炙肉也。"《诗经·小雅·瓠叶》毛亨传："炕火曰炙。"《正义》云："炕，举也。谓以物贯之而举于火上以炙之。"根据《礼记·内则》的说法，制作牛炙时，要准备大块牛肉，先加调料腌制，然后烤熟食用。基本上与当下的烤牛肉近似，只是当时所用的调料、烹调方法及选料没有现在这么考究，其鲜美滋味更无法和目前的相提并论。然而，此菜历代相传，随着社会进步，制法不断改进，质量日益提高。其著者如下：

一、内蒙古烤牛肉

当地名菜，旧称铁板烧，乃当今流行台湾各地之铁板烧的起源。本菜以草原黄牛为主食材烤炙而成。起先由食客自烹自食，现则由厨师代劳。它采用七百多年前元代西域和北方民族调味之法，酸、辣、咸、甜、香诸味俱全，颇能诱人馋涎。

其在制作时，选用上乘新鲜的草原黄牛腿之纯精肉为主食材，先切成五毫米见方的薄片，浸泡在肉桂、小茴香、枸杞子、豆蔻、丁香、姜等十三种名贵中草药和调味品中腌制两小时左右，以达到解腻提鲜、去膻掩腥、防腐杀菌之目的。接着把腌好的牛肉片置入盘中，并拌以香菜、小葱段。而在享用之际，以筷子夹起牛肉片，放在形似古代士兵头盔的铁板上烤炙，吱吱有声，香气馥郁。一俟烤熟，即蘸着由芝麻油、糖、醋、芝麻、精盐、胡椒粉等调料兑成的调汁而食。肉紧而嫩，耐人寻味，为搭配烧刀子的佳食。

二、牛肉锅铁（一作铁锅）

吉林传统菜。据说清朝末年，吉林有些回民到内蒙古一带购买牛、羊时，见蒙古族牧民在野外架火烤牛肉而食，一经品尝，觉鲜嫩可口，便效仿此法。不过此烤牛肉只有七八分熟，与回族人的饮食习惯不合，乃加以改进，用破铁锅片架于石头上，下面生火，置牛肉片于铁锅上煎，等到肉变白煎熟时，再夹出蘸盐水而食，边煎边食，既香鲜又简单易行。这些人将此法带回吉林后，便在回民中流传开来，后被餐厅采纳，改良经营手法，并把铁锅片换成铁铸平锅。食材也从一种增至多种，另增添若干作料，丰富其口感及滋味。自牛肉锅铁首次在吉林市牛马行（现青岛路）的"西域馆"问世以来，回、汉民争相品尝，顾客盈门。1933年，仅牛马行一带，就有七家餐馆经营此菜，现已风靡全省。其后朝鲜族略变其法，此即今之石头火锅。

此菜烹调时，先将牛里脊肉、上脑肉、三叉肉、腰窝油分别顶刀切成大薄片。渍菜切丝，发好粉丝，待海米（开洋）泡毕之际，再把芝麻酱以凉水搅匀。接着点燃酒精炉，将洗净的生铁平锅置放炉上烧热。先下腰窝油煸炒，待锅面满布油花，即放肉片煎熟，蘸辣椒油、蒜末、芝麻酱等作料，边煎边食，其肉片软嫩鲜香，极宜佐酒，尤以白干为炒。食毕，在锅内加高汤、渍菜丝、海米、精盐、葱丝、姜末等，俟锅沸时，再下粉丝，汤汁浓郁，即为下饭佳味。

三、烤肉宛烤肉

西汉人枚乘在《七发》中提到的天下美味，即有"薄耆之炙"，也就是烤炙各种加料腌制兽肉的肉片。到了公元6世纪时，《齐民要术》载有"脯炙"，即是其衍伸。然而，北京人吃烤肉的历史，当始于明代的"帐篷食品"，其法为牛肉切块或片，以葱花、盐、豉汁略浸，再行烤制。明宫廷亦有此一佳味。如刘若愚《酌中志·饮食好尚纪略》便记有："凡遇雪，则暖室赏梅，吃炙羊肉……"足见它已跻身大雅之堂。

到了清朝，烤肉有了更进一步的发展，以"烤肉宛"最负盛名。相传其发迹的过程是：三百多年前的康熙二十五年（1686），京东百里之遥的回族集聚地大厂县，有户宛姓回族小商人，辗转来到北京谋生，他寄居的宣武门一带……也是回民聚居地。回族百姓，多经营饮食、牛羊肉生意……他就从卖牛肉的回族人手里买下牛头，然后把牛头肉切成薄片，用铁炙子烤熟，推车沿街叫卖，凉秋寒冬，围着火炙子吃烤肉，别有一番暖意。此风味独特,吃法新鲜,很受平民百姓的欢迎。"究其实,它最早只是每天出车的散摊子罢了。

直到乾隆二十五年(1760),宛家的第三代才在安儿胡同西口路东购置了门面房,正式将店铺取名为"烤肉宛"。初时的店面不大,据说只有两张白皮桌。而为了把烤肉做精,掌柜的就从选料入手,遍走京城大小牛肉铺子,向老乡们讨教最适合烤的牛种和部位。最后选定四至五岁且体重超过三百公斤的西口羯牛(阉过的公牛)或乳牛,只用上脑(一层肥一层瘦)、排骨、里脊、米隆、子盖、和尚头等软嫩部位(今专取前三者),剔去其筋膜、肉枣等,稍冻后,开始切片。刀工极为讲究,使用尺许长的特制钢刀,将肉"拉切"呈柳叶形,一斤肉约出一百五十片,经腌渍、调味后,接着用熟铁制成的圆形铁盘,其盘面排列有空隙铁条的烤肉炙子,专选松枝、枣木、梨木烤炙。烤好的牛肉质嫩含浆,细滑带酥,馨香味美。道光二十五年(1845),诗人杨静亭在《都门杂咏》中赞道:"严冬烤肉味堪饕,大酒缸前围一遭。火炙最宜生嗜嫩,雪天争得醉烧刀。"

"烤肉宛"除其肉味美外,地理位置亦绝佳。往南是鼎鼎有名的琉璃厂,往北是西单闹市口,往西则是醇亲王府,南来北往的人众多,买卖当然极佳。无论身着长袍马褂者或布衣百姓,都欣然闻香下马或止步。其吃法有"老京味"所谓的"文武两吃"。文吃，多是长袍马褂们的斯文吃法，由跑堂烤好送上桌；而武吃，自然是自烤自吃。这些"爷们儿"在吃烤肉时，人人手执尺二长的"六道木"，守在炙子旁，一只脚蹬长板条凳上，将已腌好的肉自个儿摊在松香缭绕的烤肉炙子上翻面炙熟，而且边烤边饮酒，在酣畅淋漓中展现出骀荡恣肆的豪情。

而在享用之时，先将烤肉炙子烧热，用生羊尾油擦其表面，接着下酱油、料酒、姜汁、白糖、芝麻油，有的还放鸡蛋，一起放碗中调匀，再将切好的肉片略腌。随即把大葱切段切丝，置烤肉炙子上，并将肉片放在葱上，边烤边用特大号的竹筷子翻动。俟葱丝烤软后，把肉和葱摊开，放入香菜段继续翻动，待肉呈紫色时，即盛入盘中，适合佐酒和就着烧饼、糖蒜一块儿享用，佐嫩黄瓜亦妙。诸君试思，二三十年前，曾在台北流行一时的蒙古烤肉，即源出于此。不过，本地喜用它与涮锅同享，似比北京式的口感更胜一筹。

四、烤牛肉串

串烤为明炉烤的一种技法，乃新疆维吾尔族最喜爱的佳肴，其历史悠久，早在汉代即有，像已出土的东汉庖厨画像砖上，便画着两汉时期庖厨用铁叉串上小肉块入火制作烤肉的情景。这种烤肉，如今亦很盛行，只是烤制的工具，已改用铁扦、竹签等来串肉。

新疆的烤肉串，发源于和阗、喀什民间，起初为维吾尔族所喜食，后为新疆各民族所共同喜爱。每逢过年过节或假日，招待亲朋好友，都用烤肉串（尤其是羊肉）充作佳肴。近二三十年来，在北京、天津、上海等大城市中，亦十分盛行。另，南洋群岛一带，烤肉串也大行其道，当地人称为沙嗲（SATE），以味道辛辣著称。有趣的是，此肉串传入闽、粤后，潮汕人士弃其肉串，取其辛辣，并发展成为具有潮汕风味的调味品——沙茶酱。此酱是用花生仁、白芝麻、左口鱼、虾米、椰丝、大蒜、生葱、芥末、香菜子、辣椒等为原料，磨成粉后，再掺入油、盐熬制而成，色棕黄而味香，可蘸可炒可拌，颇能惹人垂涎。又，当地人甚嗜沙茶牛肉。其制作方法为，将牛腿肉切成薄片后，放进火锅的上汤中焯熟，然后和生菜一起蘸沙茶酱食用，由于鲜美爽滑，味道辛香，且极够味，一度盛行台湾各地。目前台湾更发展成沙茶牛肉火锅，在冬日搭配白酒受用，格外味美。此外，食客也好以沙茶酱加空心菜炒牛肉片，热辣鲜香，炎炎夏日，就着啤酒吃，沁人心脾，不亦快哉！

言归正传，烤牛、羊肉串，一般是先将肉切成薄片，加洋葱末拌和，约腌个半小时，串在铁扦上，以铁槽加无烟煤燃火，待煤烟烧净，把肉串架于铁槽之上，撒上精盐、孜然粉、辣椒粉，两面烤熟即成。烤串色呈枣红，外焦里嫩，香辣入味，肥而不腻，一食即上瘾，会串串相连到口边。

大口吃肉佐牛胾

牛胾即牛肉块。据《礼记·内则》的说法："醢，牛胾；醢，牛脍。"照东汉大儒郑玄之注，则是"切牛肉也"。意即将煮熟的牛肉，切成大块的肉，很像目前的酱牛肉。其做法应是，取用生牛肉、五味调料为原料，先把牛肉若干治净，接着下鼎中，注入清水，添加调味料。等煮熟后取出，放凉再切成较大的肉块即成。末了，同肉酱一起置于案上，蘸着肉酱食用，别有风味。从古至今，其名品甚多，以水炼犊、煨牛肉及法制牛肉三者最脍炙人口。

一、水炼犊

此菜是唐中宗景龙二年（708）时大臣韦巨源晋升右仆射而循例向皇帝献食"烧尾宴"中的一味，号称"炙尽火力"。如按字面上的解释："炼"即高温蒸制，"犊"乃小牛肉。这款清蒸小牛肉，今日已不见奇，当时可是罕见美味。其法为先将小牛肉治净，切成若干大块，置盛器中，加葱、姜、酒、桂皮、茴香、盐或豆豉等调料，加盖封严，上笼用旺火蒸至肉质酥烂，汤汁醇浓，即可食用，以肉酥汤鲜、深有回味著称。同时煨得久则力透，滋味尤其了得。为《随园食单》作注的清人夏曾传便言，他在上海川沙时，曾尝过"煨一昼夜而成"的牛肉，"肥美异常"，印象深刻。至于令我最难忘的，则是台北"上海极品轩餐厅"的清蒸牛腩。肉置金属盛器上，其下有燃着的酒精炉，汤面冒着小泡，咕噜咕噜有声。汤清如水，味淡不薄，肉酥而烂，嫩且带爽。先尝其肉，再品此汤，顿觉飘飘然。以此佐酒下饭，谁曰不宜？

二、煨牛肉

此近红烧牛肉或卤牛肉。袁枚《随园食单·杂牲单》内，从买牛肉起，各步骤均极考究。其法为"先下各铺定钱，凑取腿筋夹肉处，不精不肥。然后带回家中，剔去皮膜，用三分酒、二分水清煨极烂，再加秋油收汤"。并谓此乃"太牢独味孤行者也，不可加别物配搭"。不过，戏法人人会变，巧妙各有不同。大美食家袁枚虽好其"本味"，但有时加点巧思，亦会产生绝佳效果。例如民国初年，南天王陈济棠主粤政时，帐下某将军特爱食牛腩，但找不到良厨能满足其口腹之欲。一日，某厨得新来的勤务兵之助，竟烧出令他十分满意的红烧牛腩，查其方法，原来在牛腩煲至半熟，加酱料同焖时，再加一小块罗汉果，味道果然不同，传说该勤务兵亦因善烹牛腩而升级云。

牛腩虽不是山珍海味，但比诸山珍海味更受大众欢迎，潮州厨师尤擅烧制。据香港大食家特级校对[1]的说法："牛腩分为'坑腩'和'白腩'两种。吃牛腩如以汤为主以肉为辅的，则用坑腩为佳。以吃肉为主，其次才是汤的，就吃白腩了。因为坑腩的瘦肉多，煲起来汤味够鲜浓，肉则粗，白腩的瘦肉较少，同是一斤肉煲汤，但煲起汤来的汤味就不及坑腩好，滑则非坑腩所能及了。"至于"焖牛腩和煲牛腩的做法都差不多，经过'出水'，又用生姜红镬爆过，所不同的，焖用少量的水，煲则用多水和时间较焖为久"。同时须注意的是，焖的以酱料为重。

而"懂得煲牛腩的，煲两三个小时，就够火候，不晓得其中奥妙的，就要煲四五个小时才算够火"，如果煲一斤牛腩加上"蝉腿"四个，就可加速牛腩的熟烂度，且"在煲的时候，中间还要停火两三次，仿如韩战的'打、谈、打、谈、打'，牛腩就易烂了"。

特级校对的间歇煲牛腩法颇值得借鉴，他那"打、谈、打"的策略更是传神。又，据其得意门生江献珠女士的诠释：他"这种做法可省去不少功夫，因为歇火时不用专心守候，可做其他的事，而且加完高汤之后，让余热去焗牛腩，所以快烂"。她

---

1 本名陈梦因，著有《食经》《鼎鼐杂碎》及《粤菜溯源录》等多部名著。

还进一步指出:"香港的超级市场甚少卖牛腩,要光顾街市肉档,香港新鲜牛肉的牛只多是从亚洲国家进口,质素标准不一,有时会买到特别老韧的,煲的时间更长,反正牛腩煲多煲少煲所需时间都不相上下",于是她认为"最划算还是一次烹制两次用,留起来藏在冰格(即冷冻室),解冻烹熟便成……要能够做到有汤又有肉的,才不辜负一番烹制的心血。牛腩取出一部分汤后,方行加酱料同焖,是时又可再加一些牛筋进去,牛腩的汁液多了胶质,更为美味可口"。看来此一做两吃,既经济且味多元。

三、法制牛肉

此即今日酱牛肉,工序更为繁复。根据清人童岳荐《调鼎集》上的记载:此菜须选"精嫩牛肉四斤,切十六块,洗净挤干,用好酱半斤、细盐一两二钱拌匀揉擦,入香油四两,黄酒二斤泡腌过宿,次日连汁一同入锅,再下水二斤,微火煮熟后,加香料、大茴末、花椒末各八分,大葱头八个、醋半斤"。其妙则在"色、味俱佳"。

台湾的北方馆子,早年擅制酱牛肉,名品甚多,即使在北菜式微的今日,尚能在台中的"老阖厨房"及台北的"老马"等处,吃到够水平的芝麻烧饼夹酱牛肉。此味北京不乏老字号制作,但论其佳者,首推内蒙古呼和浩特出品的酱牛肉。它始于清代中叶，由河北沧州地区的回民刘万禄所创制。他原在归化城（呼和浩特前称）推车经营，后开设"万盛永"号，专营酱牛肉。由于选料精细，善用各种调味烹制，故此肉鲜醇浓郁，在清末即已驰名全国，当下依然味美，盛誉迄今不衰。

刘万禄的酱牛肉在制作时，先将牛肉切成若干大块，用清水洗净，入锅煮至半熟，加入以纱布裹包的大茴香、丁香、橘皮、姜片、砂仁、豆蔻、肉桂的香料包和适量之酱油、糖、盐及煮肉老汤。经烧沸后，转用小火焖四个小时，至牛肉成熟、入味即成。其以色泽深红、滋鲜味浓著称。

此外，北京前门大街西侧的"月盛斋"，以酱羊肉誉满京华，且蒙慈禧太后青睐。其实店里的酱牛肉亦是珍品，有口皆碑。其制作时，选妥牛的前腿和腔窝鲜肉，把一定数量的水与经过三伏天的老酱入锅煮沸，接着将肉按老、嫩程度，顺序分层码入锅内，加精盐、花椒、八角、肉桂、丁香、砂仁、蔻仁等多种辅料，添入店家百年的老陈汤，先用旺火煮，后用文火煨，中间翻一次锅，煮约六个小时后捞出，浇上原汁即成。

此肉的特点是色泽棕红，不膻不腥，脆嫩爽口，瘦而不柴，肥且不腻，咸中透香，诚乃佐酒、佐食之良品也。

集古今食牛大成（中）

在谈完了牛炙和牛戴后，紧接着要谈的是牛脍。

牛脍生食滑软

牛脍亦出自《礼记·内则》，云："醢，牛脍。"如按东汉大儒郑玄之注，乃"牛脍，戴侧使切"，意即将生牛肉块切成薄片，蘸着肉酱一起食用。另，《说文解字》在释"脍"时指出，"细切肉也"，可见牛脍一定是切片、切块吃的。

又，据《礼记》《周礼》等文献的记载，脍在周代被列为王室的祭品，设有笾人专司其事，讲究"食不厌精，脍不厌细"。而且不同的季节用不同的调料，此即所谓的"脍，春用葱，秋用芥"。不过，后世在调味上可讲究多了，除以上的调味品外，尚有醋、姜、桂、香柔花、橙齑等。台湾业者现今受日本的影响，主要用酱油、山葵、姜末及葱等，而在牛肉方面，首选日本的松阪牛、神户牛和近江牛等，如果有美国肥牛或澳洲和牛，亦在上选之列。

自马王堆汉墓出土的陪葬食物中尚可见牛脍外，从此之后以兽肉制脍，就只剩宋人吴自牧《梦粱录》所载汴京街市的下酒食品中之羊生脍、蹄脍及元代主持宫廷饮馔之太医忽思慧《饮膳正要》中的羊头脍等零星记载了。然而，河海之鲜所制之脍，自唐大盛，技术超群，并出现《斫脍书》这样记述制脍的刀法、品种、烹饪方法的专著。宋代食脍之风依然甚盛，如临安市场上的饮食店中，就有鱼鳔二色脍、海鲜脍、鲈鱼脍、鲫鱼脍、群鲜脍等出售。且有不少文人亦喜亲操刀俎，制脍及食脍，像陆游即有"自摘金橙捣脍齑"之句。元代及其以后，食脍之风渐衰，但东南沿海及东北地区，爱食脍者，不乏其人。

不过，降及后世，脍固然以不经加热生食的居多，但有少许品种，则须加热但未熟才好享用。牛脍即是其一，其手法为用烫的，但生牛肉片的中央部分犹红，入口极嫩，其味弥佳。我先前所食者，以老字号"新庄牛肉大王"的新鲜牛肉炉最佳，连食数片，再饮鲜汤，佐以白干，其乐何极！诚乃严冬时节的一道暖流。至于纯食生牛肉片，自以为在高档日本料理店食顶级牛肉为最，曾连食五片，绵软滑糯，其美自不待言。但我印象最深的，反而是永和的"无双"，其冰镇生牛肉，纯以里脊肉为之，冰后薄切，片片圆整，夹起蘸着手工精制的壶底油（台湾产的黑豆酱油）而食，腴滑软嫩，妙不可言。比起用上等和牛加芥末和酱油的吃法来，似更清爽有味，我个人甚嗜此，常据案食整盘，乐即在其中矣。此牛脍宜在夏日食用，犹似清泉哗啦下，激起涟漪在心头。

比较起来，欧美人士也吃生牛肉，那就是赫赫有名的"鞑靼牛肉"，一向充作大盘主菜。据说此为匈人旷世雄主阿提拉（一说是成吉思汗）纵横欧陆时所传入的名菜，后为东欧各国取法，再遍及欧、美各国。其做法是将牛肉剁烂，类似捣珍，当然无《斫脍书》中其刀法如小晃白、大晃白、舞梨花、柳叶缕、千丈线、对翻蛱蝶等花样，但考究的，会在顾客面前拌做，将生牛肉的鲜甜软滑，发挥得淋漓尽致。

制作此菜，约用一磅（约 0.45 千克）生牛肉，放进大木盆中，以木棒搓开，和以蛋黄，边拌边加进各种配料和香料，最后更有冧酒（即 Rum，一译朗姆酒），其诀窍在搓须快慢有度，前后约需二十分钟，始大致就绪。

待搓作一团后，即盛盘中奉客，颜色调和而美，淡红牛肉之中，有零星的白点，这是生洋葱粒，浅绿则是菜丝，调料以黑胡椒、蒜蓉为主。此际再拌以蛋黄和砵酒。吃时可用羹匙送嘴，也可涂面包上再食。其妙在入口即化，颇觉甘香，软滑更不在话下。我在西肴中，对鞑靼牛肉极钟情，在中国港、台及法国尝过多次。若论味道之棒，必以早年的"欧美厨房"为最，其老板赵福兴曾为德菜名馆"香宜"首席大厨，擅制德国猪脚、猪全餐、台塑牛小排、英式烤牛排等"大块文章"。他与我口有同嗜，皆爱鞑靼牛肉，只要食兴一起，即会自行搓制，由于自家食用，必慢工出细活。我口福还不错，在机缘凑巧下，也尝过好几次，那种痛快劲儿，虽非前所未有，却也庶几近之。

接下来所谈的，则是上从天子下至庶民均吃的牛醢、牛羹、牛臐、牛脯和牛脩这五种。牛羹与牛臐系出同门，牛脯则与牛脩源自一法，差别只在它们呈现的方式有些不同，正因大同而小异，故将之一并讨论。

多汁鲜美的牛醢

醢（hǎi）即肉酱。《周礼·天官·醢人》郑玄注："作醢及臡（ní，杂有骨头的肉酱）者，必先膊干其肉，乃后莝（cuò）之，杂以粱曲及盐，渍以美酒，涂置甀（zhuì，小口瓮）中，百日则成矣。"

由此可见，醢是一种用动物原料加粱曲、盐、酒等腌酿而成的食品，主要搭配牛胘和牛截一起享用。

先秦时期，醢的品种极多。周天子用膳时，得上一百二十瓮醢，牛醢即是其一。但须注意的是，《周礼·天官·醢人》中，另提到一"醯（音毯）"字。据注："醯，肉汁也。"《公食大夫礼》之注曰："醯醢，醢有醯。"《释名》上说："醢多汁者曰醯。醯，沈也，宋、鲁人皆谓汁为沈。"可见醯本身就是一种多汁的肉酱。

与醢有关的尚有"臡"。据《周礼·天官·醢人》之注："臡，亦醢也。或曰有骨为臡，无骨为醢。"《公食大夫礼》则注曰："醢有骨谓之臡。"故臡可称为肉骨酱。由上可知，牛肉酱另有杂骨及多汁这两种特殊口味。

到了魏晋南北朝时，牛肉酱有了进一步的发展。《齐民要术·作酱法第七十》云："取良杀新肉，去脂细锉（陈肉干者不任用。合脂，令酱腻）。晒曲令燥，熟捣绢筛。大率：肉一斗、曲末五升、白盐二升半、黄蒸一升（曝干、熟捣、绢筛）。盘上和令均调，内瓮子中（有骨者，和讫先捣，然后盛之。骨多髓，既肥腻，酱亦然也），泥封日曝。寒月作之，宜埋之于黍穰积中。二七日，开看；酱出，无曲气，便熟矣。买新杀雉，煮之令极烂，肉销尽。去骨，取汁。待冷，解酱（鸡汁亦得。勿用陈肉，令酱苦腻。无鸡、雉，好酒解之。还着日中）。"以上所述，乃用多种牲畜、兽肉制作肉酱的方法，内容详尽。又，文中将肉、曲末、白盐、黄蒸的用量和比例记载得一清二楚，颇值称道。盖因"量化"之后，俾让时人及后人可进行仿制，实乃烹饪史或饮食史上的一桩大事。而运用野鸡汁、鸡肉汁以至于"好酒"调和稀释肉酱再食，亦属创举。

及至南宋，中国第一本女性所撰的食谱《中馈录》问世，乃浦江（今浙江义乌）吴氏（佚名）的作品。书中载有"造肉酱"之法，云："精肉四斤，去筋、骨，酱一斤八两，研细盐四两，葱白细切一碗，川椒、茴香、陈皮各五六钱，用酒拌各粉并肉如稠粥，入坛，封固。晒烈日中十余日。开看，干，再加酒；淡，再加盐，又封以泥，晒之。"书中虽未言明系用何肉，但照文义观之，应任何兽肉皆可为之，牛肉自不例外。到明代时，速成的肉酱问世。像宋诩的《宋氏养生部》中，即有牛饼子（即醢，二制）："一、用肥者碎切，机上报斫细为醢。和胡椒、花椒、酱，浥白酒，成丸饼。沸汤中煮熟浮，先起，以胡椒、花椒、酱油、醋、葱调汁浇瀹之。一、酱油煎。"细观其内容，牛肉酱不再入瓮精炼，少了岁月洗礼，蕴藉的"美"味，自然无迹可寻了。

牛羹与牛臛

羹在先秦时期，尚为一种制法不一、说法多元的食品，既指烧肉、带汁肉、纯汁肉，也指以荤素食材单独或混合烧制成的浓汤。有时为了加强汤汁的浓稠度，还得在其内掺些米屑，称之为“糁”。

羹的起源极早，传说在帝尧时，就已有羹。商和西周时期，羹的品种极多，如《周礼》《仪礼》《礼记》等书，即记载了几十种用牛、羊、鸡、犬、兔、鹑、雉和一些蔬菜所制作的羹。等到春秋战国之时，羹的品种益多，成为人们的主要食品之一，自天子、诸侯以至百姓，莫不食此。据文献记载和专家考证，当时的羹有以下数种：

（一）肉类羹。《尔雅·释器》：“肉谓之羹。”郑玄亦谓：“肉谓之羹，定犹孰（即熟）也。”所以，有些学者如王力，便执此把羹解释为“红烧肉”，这与现代人的理解大有出入。

（二）带汁肉。《太平御览》引《尔雅》旧注：“肉有汁曰羹。”另，《释名·释饮食》云：“羹，汪也，汁汪郎也。”换句话说，牛羹是种带有汤汁的牛肉。

（三）肉汁。《广雅·释器》云：“羹，谓之湆（qì）。”清儒王念孙考证称：“脏之言汁也。字亦作湆。”《荀子·非相》亦指出：

"啜其羹，食其胾。"说明牛羹即牛肉汁。

当然，除了以上这三种解释，当时还有用肉类和蔬菜混合以及用蔬菜单独烧煮成的羹，例如"牛脚"，就是一种加藿煮成的牛肉羹，其味特殊而颇引人入胜。

基本上，臛是以动物食材煮成的浓汤，类似肉羹。然而，古代学者对臛有不同的见解。像汉代王逸在《楚辞》"露鸡臛蠵"的注中说："有菜曰羹，无菜曰臛。"以汤汁中有否放蔬菜，作为区分羹与臛的标志。而唐代颜师古在《匡谬正俗》一书中认为："羹之与臛，烹煮异齐（剂），调和不同，非系于菜也。"是以使用调味料的不同来区分羹与臛的。再后的清儒朱骏声则考证出："膹（fèn），肉羹之多汁者也，稍干曰臛。"如此，则又是以肉汁的多寡来区分羹与臛的了。我个人亦以为牛臛乃牛肉浓汁，似较可信。

另，长沙马王堆一号汉墓出土的遣策（竹简）中所记的羹类达二十余种，颇能代表两汉时期楚地的羹肴。不仅配料多样，同时风味万千，如以配料来划分（主料为动物食材），可分出酵（也就是腌菜）羹、白（白米磨成细粉）羹、巾（一说为芹，一说疑为堇）羹、逢（一说疑作葑）羹和苦（苦荼）羹等类型。其中用牛肉制作的，计有牛首（头）羹、牛白羹、牛逢羹和牛舌羹四种，区区五种，居然能居其四，由此亦可见当时人认为牛肉是适合与菜蔬一起煮羹的。

南北朝之时，羹与臛类的菜肴更多，《齐民要术》一书内，甚至将两者并列，称"臛羹法"。里头虽无牛羹，但有烧制鸡、鸭、鹅、鱼、豕的详细记录，应可模拟制作。唐代《食医心鉴》尚有"水牛肉羹"的记录，指出："把水牛肉、冬瓜、葱白加豉汁煮成，以盐、醋调味。如果空腹食用，可治小便涩少、尿闭等症。"显然具有食疗价值。唯自汉以后，重农思想抬头，许多朝代都曾下过禁屠令以保护耕牛。如陶毂的《清异录》上记载，后唐"天成、长兴中（926—933），以牛者为耕之本，杀禁甚严"。从而关于牛肉的风味，文人甚少咏叹，食籍亦罕收载。除从事畜牧生产的某些少数民族外，通常在冬闲之时，人们以淘汰之役牛供食，迄近代为止，皆是如此。由是观之，自唐以后的食籍不收牛羹，或恐理所当然。

在中国历史上，最擅烧制带汤牛肉的，一是回民，二是四川人士。前者以兰州为大本营，后者则以自贡市为起源地。想不到这两股势力而今在台湾合流。一名清真或清炖，另一名川味红烧，全成当下牛肉面的主要"汤头"，影响极为深远。

作家余秋雨曾描述"兰州牛肉面"，文云："取料十分讲究，一定要是上好黄牛腿肉，精工烹煮，然后切成细丁，拌上香葱、干椒和花椒；面条粗细随客，地道的做法要一碗碗分开煮，然后浇上适量牛肉汤汁，盖上刚刚炒好的主料。满满一大碗，端上来面条清齐、油光闪闪、浓香扑鼻，一上口味重不腻，爽滑麻烫。另递鲜汤一小碗，如若还需牛肉，则另盘切送，片片干挺而柔酥，佐蒜泥辣酱。"

其实，余氏笔下的这款兰州小吃，写得并不透彻。[1] 面条最宽的，可达四厘米，称"大宽"，次者名"二宽"（中宽），再细者为"韭叶"（韭菜扁儿），最细如丝者叫"一窝丝"（"多搭一扣"），另有"帘子棍儿"等名目。客人喜欢吃哪一种，现叫现抻，又快又麻利。如以百年老店"马保子"为例，其"厨房里下面的大铁锅里水总是清澄翻滚的，十几碗面同时卜锅，或粗或细，有圆有扁，虽然花色繁多，可是有条不紊……只用一双长点的筷子，一捞一碗，不多不少，分量、火候全都恰到好处。最妙的是任凭面条在锅里千翻万滚，但总不混杂，各自为政"，这手绝活，真不简单。

其次则是马保子"选肉严格，只用上品腿肉，肥瘦分开，全部都切成骨牌块大小，头一天用小火炖上一整夜，绝不中途加水，更不放芹菜、豆芽、味精之类调味品，所以清醇肥羜，自成馨逸，汤汁若金，一清到底"。已故美食名家唐鲁孙在《什

1　此面乃将面团抻（即拉）成粗细不同的面条，煮熟后浇上牛肉和汤制成。

锦拼盘》一书中，对此牛肉汤汁着墨甚多，让人垂涎三尺。

不过，而今台湾清真馆的清炖牛肉面，是先将大块牛肉及牛大骨熬汤，再加调味料及萝卜片等，以小火煨，面条煮熟后捞入碗内，浇上肉汤，撒上香菜、蒜苗及牛肉片即成，以面条柔韧、滑利爽口、牛肉软烂、汤汁鲜清著称。

川味红烧牛肉面，一说最早是在川味小吃的小碗红汤牛肉内加面条制成的。这味小吃的制法，据美食名家逯耀东的叙述，乃"将大块牛肉入沸水锅汆去血水后，入旺火锅中煮沸，再用文火煮至将熟，捞起改刀，然后将郫县豆瓣剁蓉，入油锅煸酥去其渣成红油，以清溪花椒与八角等捆成香料包，与葱、姜入牛肉汤锅中，微火慢熬而成"，至于滋味，则是"其汤色泽红亮，麻辣滚烫，浓郁鲜香"，颇能诱人馋涎。

此面初兴之时，因牛肉来源不多，价格不菲。但自清真牛肉面式微后，川味红烧牛肉面即一枝独秀，进而在台北市的桃源街大放异彩，随后开枝散叶，散布全台各地，甚至扩张到海外。

逯氏认为台湾的川味牛肉面源自小碗红汤牛肉，但我以为亦可能出自四川名菜水煮牛肉。清代咸丰、同治年间（1851—1874），自贡盐业鼎盛，有盐井五千余眼，役牛达数万头。由于淘汰的役牛数量多、价格低，牛肉成了盐工们的主食。当地厨师先割一块牛肉，洗净切片放入罐内，加水、盐和干辣椒煮熟食用，卤汤红油，麻辣且烫，有其特殊风味。将其加入面条，的确饶有创意。只是后来的面店或面摊子，用一口专用的大铝锅，里面盛着已经烧好的红郁郁的牛肉和汤。"叫面时只要先吩咐一声轻红或重红，一会儿就端上来了，既方便又实惠，所以大家都喜欢吃。"其能风行至今，就在推陈出新，广受各界欢迎。

此外，河南洛阳著名的早餐"甜牛肉"（清牛肉汤）就"油旋"（即"一窝酥"，是油烙的饼），把饼泡在甜牛肉汤中吃，乃当地早点一绝。又，陕西西安著名的牛肉泡馍，食法则类似，但牛肉汤中带肉，食法多样，使人食味不尽。

牛肉泡馍中的馍，即"饦饦馍"，是用百分之九十的面粉与百分之十的酵面掺在一起，加工成重约五十克或一百克的饼坯，先使面饦沿边起棱，再下鏊烘烤，约十分钟即成。如此烙制的饦饦馍，具备酥脆甘香和掰碎后入汤不散的特点。

牛肉泡馍有两种吃法，一是馍与烩制的牛肉分开上桌，俗称"单做"；二是馍肉合煮，即由顾客依己好将饦饦馍掰碎（掰馍讲究愈小愈好，最好如黄豆大，便于入味），交厨师添入牛肉（由顾客选好部位再切配）、粉丝、调料，以旺火合煮而成。其中又分为"口汤"（吃完泡馍后，碗内还余一口汤）、"干泡"（煮得较干，食毕碗内无汤）、"水围城"（指煮好后馍在碗中间，四周以汤围之）等几种。而在享用之际，佐以辣椒酱、糖蒜、香菜、芝麻油。吃泡馍切忌用筷子翻搅，讲究从碗边一点儿一点儿地"蚕食"，借以保持鲜味。其特点为料重味醇，肉烂汤滚，馍筋光滑，具有护胃耐饥的功能。其别具一格的食法，赢得中外客人的一致赞誉，目前它已与羊肉泡馍一样，成为西安乃至西北地区最有代表性的小吃品种，深受各族群众喜爱，诚为牛羹或牛臛的现代版，谱下完美的乐章。

集古今食牛大成（下）

最后要谈的乃是牛肉的干制品。

牛脯与牛脩

所谓脯，即干肉或肉干；脩（xiū）即是指干肉条。两者皆是经特制后，带有特殊香味且耐久贮的传统肉食品。换句话说，牛脯就是呈薄片状的牛肉干；牛脩即是干牛肉条，早在周朝时，可一束束扎起来，当礼品用，或抵学费。孔子便说："自行束脩以上，吾未尝无诲焉。"

制作脯的历史更久。据《尚书大传》记载：周武王灭商纣前，散宜生、闳夭、南宫适（读括）三人投奔姜尚（太公），欲拜为师。姜太公知他们皆具才德，乃欣然答应，并"酌酒切脯"，以此款待这三位门徒。另，孔子在《论语·乡党》中，提出一系列饮食卫生的标准，凡不合此标准的，他老人家一概拒绝进食，其中包括"沽酒市脯不食"一语，可见春秋之时，鲁国的市场上，已有"脯"出售了。

而后世的"薪水"，极有可能是从束脩演化而成的，但束脩的原始意义，主要仍是当作食品送人。如《礼记·少仪》即谓："其以乘壶酒、束脩、一犬，赐人；若献人，则陈酒执脩以将命。"牛脩无疑是这一时期的名品。又，《周礼·腊人》"干肉"一条注云："大物解肆干之，谓之干肉……捶之而施姜、桂曰锻脩。"说明脩是经过捶打并加姜、桂调味的干肉。不过，自春秋战国后，"脩"这个食品之名不再被著录于饮食典籍中，而为"脯"所吸纳，以至于让脯一枝独秀，流传至今。

汉代时，尚有关于牛脯之记载，如长沙马王堆一号汉墓竹简中，即记有牛脯和弦脯（即牛百叶制作的脯）等。到了南北朝时期，牛脯的制作有了进一步的发展，其最有名的，是收录于《齐民要术·脯腊第七十五》中的两款。

五味脯：其制法为"用牛、羊、獐、鹿、野猪、家猪肉，或作条，或作片。罢（凡破肉皆须顺理，不用斜断），各自别。捶牛、羊骨令碎，熟煮，取汁；掠去浮沫，停之使清。取香美豉（别以冷水，淘去尘秽），用骨汁煮豉。色足味调，漉去滓，待冷下盐（适口而已，勿使过咸）。细切葱白，捣令熟。椒、姜、橘皮，皆末之（量多少），以浸脯，手揉令彻（即入味）。片脯，三宿则出；条脯，须尝看味彻，乃出。皆细绳穿，于屋北檐下阴干。条脯，浥浥时，数以手搦（nuò，握着）令坚实。脯成，置静虚库中（着烟气则味苦），纸袋笼而悬之（置于瓮，则郁浥。若不笼，则青蝇尘污）。腊月中作条者，名曰'瘃（zhú，手足冻疮）脯'，堪度夏。每取时，先取其肥者（肥者腻，不耐久）"。同时，以"正月、二月、九月、十月"所制为佳。此脯乃历史名食，之所以在脯前冠上"五味"二字，乃因其在制作过程中特别注意调味。首先要用捶碎的牛、羊骨加水熬制清汁；接着用骨汁煮香美的豆豉，待"色足味调"后，滤去渣，俟冷却下盐，以"适口"为准。然后在调好味后的骨汁中，添加适量已细切捣烂的葱白以及花椒、生姜、橘皮细末，并以这种汁浸片脯、条脯的胚料，用手反复搓揉，再使胚料浸透调味骨汁。如此一来，就形成五味脯的多种味感。最后的阴干及置放于宽敞洁净的库房保存这两点，更是产生特殊香气及味道的绝妙过程，诸君不可不知。

度夏白脯：在制作时，"用牛、羊、獐、鹿肉之精者（杂腻则不耐久），破作片。罢，冷水浸，搦去血，水清乃止。以冷水淘白盐，停，取清，下椒末，浸。再宿，出，阴干。浥浥时，以木棒轻打，令坚实（仅使坚实而已，慎勿令碎肉出）。瘦死牛羊及羔犊弥精。小羔子，全浸之（先用暖汤净洗，无复腥气，乃浸之）"。以"腊月作最佳。正月、二月、三月，亦得作之"。按照字面解释，所谓"度夏白脯"，就是指可以经过夏天而不腐败的白脯。制作这种脯的特点如下：（一）最好在腊月制作；（二）以精瘦之肉制作，不宜杂有肥肉；（三）切片后要浸冷水，漂净并挤出肉中之血；（四）将肉片浸入放有盐及花椒末的卤水中；（五）过两夜，将肉片自卤水中取出，阴干；（六）在肉片尚湿润时，以木棒轻轻敲打，令其紧实，但不能敲碎。如此看来，这款肉脯工序复杂，正是所谓的"慢工出细活"也。

唐代的肉脯，有了革命性的变化，或以轻薄取胜，或以造型见长，总之，超古迈今，不同凡响。

据《清异录》上的记载，权阉仇世良府中有一款名脯，名"赤明香"，其特色为"轻薄甘香，殷红浮脆"。由于制作精细，以致"后世莫及"。照我个人判断，类似今之肉纸。可惜其用料与制法均不详，无法依式制作。另同书《烧尾宴食单》记有"同心生结脯"，并注云："先结后风干。"意即这种"同心结"状的生肉脯，是先打成结，接着风干而成。造型如此考究，时至今日，仍不多见。尤奇的是"红虬脯"，此乃唐懿宗赐给下嫁的同昌公主的御馔之一。其脯呈红丝状，高可一丈，放在盘中，颇为虬健。用箸一压，立刻弯曲，但随即会恢复挺直状。韧性与弹性之大，令人咋舌。以上三者，虽未明说用何兽肉制作，但牛肉应为选项之一。

宋元之时，肉脯的制作，因添入大量香料，有进一步的发展。像宋人陈元靓的《事林广记》中，收有"国信脯"一味，谓其以精肉制作，"每斤夏用盐一两（冬用八钱重），好醋半升，马芹、橘红、木香、红豆、缩砂等末，同煮一二沸，慢火翕（xī，指相合）尽醋为度"。正因香料及醋用得够多，自然利于久藏。又，元代御医忽思慧的《饮膳正要》内，载有可治脾胃久冷、不思饮食的"牛肉脯"。云："牛肉（五斤，去脂膜，切作大片）、胡椒（五钱）、荜拨（五钱）、陈皮（二钱，去白）、草果（二钱）、缩砂（二钱）、良姜（二钱），研为细末，添生姜汁五合，葱汁一合，盐四两，同肉拌匀；淹（即腌）二日取出，焙干作脯，任意食之。"由此可见，当时任意而食的牛肉脯，已如同今日的牛肉干一样，随时可当零嘴食用。

元明之际的韩奕，在其所撰的《易牙遗意》内，收录有"千里脯"这一食品。云："牛、羊、猪肉皆可。精者一斤，酽酒二盏、淡醋一盏、白盐四钱，冬三钱（指冬天只用三钱盐），茴香、花椒末一钱，拌一宿，文武火煮，令汁干，晒之。"诗曰："不问猪羊与太牢（指牛），一斤切作十来条。一盏淡醋二酿酒，茴香花椒末分毫。白盐四钱同搅拌，淹（即腌）过一宿慢火熬。酒尽醋干穿晒却，味甘休道孔闻韶（指孔子闻韶乐而三月不知肉味）。"由于其选肉脯的经验和制作方式，大有用于世，于是有人改成民歌，歌曰："不论猪羊与太牢，一斤切作十六条。大盏醇醪小盏醋，马芹莳萝入分毫。拣净白盐称四两（疑有误），寄语庖人慢火熬。酒干醋尽方是法，味甘不论孔闻韶。"鄙俚近俗，传播更广。

此外，明人高濂在《遵生八笺》中，亦录此"千里脯"一味，唯文字略有出入。但可确认的是，这种随时取用的旅行食品已较普及，由明而清，影响至今。

明代饮食巨著《宋氏养生部》中，载有"香脯"。云："用牛、猪肉微烹，冷切片轩，坋花椒、莳萝、地椒、大茴香、红曲、酱、熟油，遍揉之，炼火上烘绝燥。"

以上所述的千里脯和香脯，在制作上都有一些特点。尤其是后者，须将牛或猪肉略微煮熟，冷后切片，加多种调料末及酱、熟油揉拌匀，然后上火烘干，故味道特别香。这种制作方式，已与近世相去不远。江苏靖江所制者，尤佳。

清代的"千里脯"与"牛脯"，承明之法，制作更精，朱彝尊所撰的《食宪鸿秘》中，均有记载。前者云："牛、羊、猪、鹿等同法。去脂膜净，止用极精肉。米泔浸洗极净，拭干。每

065

斤用醇酒二盏，醋比酒十分之三，好酱油一盏，茴香、椒末各一钱，拌一宿。文、武火煮干，取起。炭火慢炙，或用晒。堪久。尝之味淡，再涂涂酱油炙之。或不用酱油，止用飞盐四五钱，然终不及酱油之妙。并不用香油。"此法比起《易牙遗意》所载的做工细致，而且指出用酱油比用飞盐为佳，口味上已更进一步。

后者则云："牛肉十斤，每斤切四块。用葱一大把，去尖，铺锅底，加肉于上（肉隔葱则不焦，且解膻）。椒末二两、黄酒十瓶、清酱二碗、盐二斤（疑误。酌用可也），加水，高肉上四五寸，覆以砂盆，慢火煮至汁干取出。腊月制，可久。再加醋一小杯。"只是这种大块的牛脯，显然要片而食之，其滋味应与扬名至今已历三百年的山西平遥牛肉相当，但平遥牛肉的做法，由宰牛至完成，已成专业技艺。其最令人称奇者在于，一般人都爱吃肉质细嫩的小牛肉，但平遥的老牛肉，非特愈老愈香，而且愈老愈嫩，这种绝妙手艺，蔚为食林奇观。

三百多年前，产于晋中平遥、介休的平遥牛肉，便已大享盛名。到了清末民初，更是大放异彩，一度跃居为达官显贵宴客的必备品之一，盛誉至今不衰。

平遥一带，早在汉代便已养牛，但养牛皆为耕田，只有在它年迈无力耕田时，才宰来祭人的五脏庙。久而久之，自然逐渐形成一套制作老牛肉的独到经验。直到清代，当地一位雷姓师傅进一步将此发扬光大，其店内制作的五香牛肉尤具特色，竟与汾酒、太谷饼鼎足而三，成为山西省的著名土特产，向有"平遥牛肉太谷饼，杏花村汾酒顶有名"的美誉。

雷师傅一脉相承的这套特殊技艺，从宰牛、剔骨到切肉块，竟只需一刻钟，委实快得惊人。他在宰牛之时，先切断牛头两根主动脉，让牛血尽快流尽。如此宰杀的牛，肉内不存血，色泽才会好；其次减少牛死前紧张、惊吓的时间，能防止肌肉纤维收缩所造成的坚韧。至于剔骨、切肉更要快，这样才能保持肉质的鲜嫩度。

制作时也很讲究。光是切肉，通常根据季节和部位，将全牛分割成十六块到二十块不等。先在肉块上以利刃划开数条刀花，揉入山西特产的池盐，接着放入大缸中，用平遥城内含碱的井水浸泡，最后再用牛骨封住缸口。浸泡的时间亦因季节而不同，夏季半个月，春秋两季一个月，冬季则需两三个月，绝不能一成不变。

浸泡好的牛肉，用冷水洗净后，放入筒式大锅中，加含碱井水和池盐煮制，不放任何作料，需"水深要把肉浸到，汤沸锅心冒小泡"，才算合格。且经八小时熬煮后，再以余温焖上四个小时方成。每锅一次可煮肉八百斤以上。

这种牛肉分肥牛肉和大膘肉。肥牛肉有肉带油，红白分明，尤为美观；大膘肉则肉多油少，食后无渣。不论是哪一种，皆色泽红润，肉质鲜嫩，浓香扑鼻，绵软酥烂，鲜美异常。由于肉含水分少，能耐久藏，且不变味。天热时保存期短，约为一周；冬天的保存期长，可达一月。

20世纪30年代，平遥牛肉已远销至北京、天津、西安各地。当时每逢秋冬时节，各地肉商云集平遥，贩运牛肉，名冠北国，好不热闹。1956年，它在北京举办的全国食品名产展览会上，被评为名产。其产品亦曾远销至朝鲜、蒙古国及南洋诸国，所至有声，迭获好评。

透薄可见灯影的美味

除了平遥牛肉，尚有两款牛肉的干菜或干点，皆因滋味而名闻遐迩，一为四川的灯影牛肉，另一为广西的玉林牛巴。巧的是它们都与制盐或贩盐业息息相关。

灯影牛肉出自四川达州地区，一称达县。又因其成品的造型像爆竹（火鞭），故一称"火鞭子牛肉"。

制作此肉需要高超的手艺，肉片得极薄，可隐约透光。相传在815年，唐代名诗人元稹出任通州（今达州一带）司马。

某日，他微服出访，路过落花溪，入酒肆小酌。店东以拿手的牛肉片充作下酒菜。元稹见此肉片油润红亮，薄可透明，十分好奇。用箸夹起，举在灯前，居然可以透光，煞是好看。以之佐酒，麻辣鲜香，酥脆可口。当知此菜无名时，乃乘兴欣然赠名，称"灯影牛肉"。此因名人品题，自通州传开后，名噪四川。不过，以上所云，并无信史可证，只是齐东野语，不值识者一哂。

一说清光绪年间，专做烧腊的刘某，起先专卖酱牛肉，由于片得甚厚，不受人们欢迎。不得已，他只好苦练刀法，几乎出神入化，成品片薄透明，色泽红亮。再经巧思调味，即成此一妙品。目前灯影牛肉干品的做法为：选用牛腿上的腱子肉，片成极薄的片，经过烘、蒸、炸等工序，加以料酒、辣椒粉、花椒粉、五香粉、白糖、姜末等多种调味料烤制而成。其质薄酥香，味鲜而辣，入口化渣，回味无穷，乃一款享誉中外的薄明肉脯。

所谓牛巴，即牛肉巴，为广西玉林地区的传统名品，迄今已有七百余年。话说13世纪时，当地的食盐全靠牛车贩运。有位姓邝的盐商在贩盐途中，拉车的老牛暴毙，邝某舍不得丢弃，便将死牛宰取其净肉后，用车上的食盐腌制，然后置烈日下晒干，权充途中干粮。辗转回到家中，他又把未食毕的牛肉干，加入玉林特产的八角、桂皮等五香料，入锅以文火慢慢焖制。当揭盖时，香气四溢，邻人闻之甚奇，忙问所烹何菜。邝某望着锅里酷似牛屎巴状的肉干，戏称其为"牛巴"。此菜后经历代厨师不断改进烹制，越发使人爱不释手。

当下的玉林牛巴，选用鲜嫩的黄牛臀部肉（俗称打棒肉）为主要原料，以利刃平削成长条薄片，风干或烘烤至硬中带软时，再用多种五香料肉汤浓汁，经文火慢慢收干而成。色深褐而半透明，浓香扑鼻，入口酥松，略嚼即碎，愈嚼愈香，乃佐餐下酒的美食。而今在当地民间，逢年过节，或红白喜事，以及老饕聚会，往往少不了这道菜。许多人到此观光旅游，莫不以品尝这一特有的牛巴为快。事实上，灯影牛肉与牛巴皆可入馔，虽用牛脯手法，但因速成之故，产生另类口感，颇受时人欢迎。牛巴尤奇，并非玉林所独有，云南与贵州的牛巴亦别具特色，贵州的青山牛巴在制作上尤细致，堪称一绝。

青山人每选在秋末时节，牛已膘肥体壮之际，把牛宰杀后进行剥离，先去头、内脏，将四腿悬挂，使血水滴净。再按照肌理的纹路，结合传统手法，分别完整地切割腿肉。一侧的前腿、后腿均为七块，另外一侧相应成对，总共二十八块。并根据部位，冠以风趣名称。前腿肉分别称为外腰条、胸叉肉、宰口肉、肋巴肉、靴子肉、胸板肉、肩包肉；后腿肉则分别称为肉腰条、脽子肉、棒头肉、鱼肉、葫芦肉及羊盘肉。如非个中老手，则分不出是哪部位的肉。

待牛肉切割完毕后（要求平滑光整），按牛肉和盐 1∶0.04 的比例配上椒盐（盐与花椒粉混合炒熟），再逐块将牛肉撒上椒盐，在大盆或锅内充分搓揉至软，使椒盐渗进肉里，即按大小依次置入大龙坛（口小腹大的陶器）内按实，每层之间，略撒少许椒盐，接着密封坛口。约摸二十天后，即可取出晒干，或出售，或自食。

食用牛干巴时，常将其切成薄片、细丝，或炒，或蒸，或炸，均十分可口。如辅以诸作料（葱、姜、辣椒、香菇、蒜、酱等），更别有风味。我于约二十年前，初次在"云松小馆"品尝，颇为惊艳，后数度往尝，皆甚满意。

话说回来，而今的牛肉干在台湾可是大行其道，而且种类多元，堪称集中国口味之大全。比方说，原味（陕西清真）、麻辣（四川）、甜香（广州）、五香（北方诸省）、醇香（贵州）及果汁（创于上海）等，在台湾都有制作及爱好者。我个人觉得最特别的是果汁牛肉干。此品原创人为佛山人冼炳成，他年轻时，迫于生计，在上海繁华的新舞台前推车叫卖其独门的果汁牛肉干。其制作时，须选用优质牛肉，剔除筋膜、肥膘。片薄后，加入姜蓉、香葱、橘皮、山奈、八角、甘草、茴香等，用料酒、酱油及白糖拌匀，腌制一天。接着用竹筛分片摊开，晒干或烘干后，剪为方块，经油炸起锅过滤后，加入适量酱油、白糖、橙皮粉和料酒，趁热撒芝麻拌匀即成。

由于果汁牛肉干质量优异，独树一帜，声名不胫而走，生意逐渐兴隆，冼炳成遂于1915年开设"冠生园食品店"，名噪一时。他也更名为冼冠生，并扩大糖果、饼干的生产。抗战爆发后，他赴各地另起炉灶，让"冠生园"声誉鹊起、扬名中华。

此肉干色泽黑褐，片形小巧，内干外潮，绵中带酥，滋浓味厚，橘橙味、五香味、牛肉香味并存，独具甜、咸、酥、绵、香的特殊风味，细嚼慢咽，回味无穷，乃著名的"消闲"食品，常令人一口接一口，每每不能自休。

古往今来，食牛之法千变万化，以上所述者，仅一脉相承、有源可循之例，实不足以道尽其妙。总之，食牛大有助于人身。中医认为牛肉味甘性平，入脾胃经，有补脾胃、益气血、强筋骨的功效，可以治虚损、羸疲、消渴、脾弱不运、水肿、腰膝酸软等症。《医林纂要》对此说得最为透彻，指出："牛肉味甘，专补脾土。脾胃者，后天血气之本，补此则无不补矣。"盼君多食此，牛肉最保本，安中益气，受惠无穷。

添膘第一烤羊肉

炎炎夏日一过，转眼金风送爽，这时节，可是北京最好的气候。依据《京都风俗志》的说法："立秋日，人家亦有丰食者，谓之贴秋膘。""贴秋膘"一词，相当于我们这里所说的"进补"。只是北京视贴秋膘为迎秋的盛事，但在台湾，则在立冬日补冬，此应是两处的地理位置，因南北不同使然。

进补大吉祥

所谓"大吉羊"，就是"大吉祥"。按古文字中，"羊"与"祥"通。或许是有了肥羊，就会吉祥了。因此，旧都北京的"京师大吉羊"，亦可理解为"北京大肥羊"。而一提到北京的羊肉，那可是赫赫有名的，至于那贴秋膘嘛，自然以羊肉为主。一般在立秋日当天所食的，乃已故散文家邓云乡口中的"神品"羊肉西葫芦馅烫面饺，皮软滑而馅清鲜。过了此日后，羊肉的吃法就变化多端了，最为人所称道的，不外乎白水煮羊头肉、炮（一作爆）羊肉、涮羊肉、烧羊肉和烤羊肉这几种。虽然各种食法都有其爱好者及拥护者，但若论起普及度与受欢迎的程度，必以烤羊肉为最。此一食法源远流长，迄今仍居主流地位。

中国历史上最早的羊肉菜之一，即是周代上大夫、下大夫食用的"羊炙"。此菜的烧法，极可能是洗净大块羊肉，加调味料略腌，烤毕再切成小块，放在食器中食用。这道菜历代相传，历经唐、宋、辽、金、元数朝，仍是宫廷名菜之一。尤其在宋代，君王们莫不爱食烤羊肉。

明代的宫廷，亦好"炙羊肉"。刘若愚《酌中志·饮食好尚纪略》写道："正月……凡遇雪，则暖室赏梅，吃炙羊肉、羊肉包、浑酒、牛乳。""十一月……羊肉包、扁食、馄饨，以为阳生之义。"纵使明代与宋、元二代不同，羊肉在宫廷的御膳中不再占首要地位，但依旧是御膳里所不可或缺的。特别一届冬季，食羊尤其盛行，或与食疗有关。唯其食法有别，乃片成薄片酱渍后再烤，极有风味。当时民间的吃法则异于是，宋诩《宋氏养生部》指出："酱炙羊，用肉为轩（大块），研酱、米、缩砂仁、花椒屑、葱白、熟香油，揉好片时，架于水锅中，纸封锅盖，慢火炙熟。或熟者复炙之。"由此观之，宫廷所食者，为生炙羊肉；民间所制的，则是熟烤羊肉。只是后者的做法，在清代由清真的羊肉床子发扬光大，形成独树一帜的烤羊肉。

清代盛极一时的烤羊肉，照老报人金受申的看法，"大约是随清代入关来的，比较靠得住些"。由于"烤肉本是塞外一种野餐，至今还保留着脚跐板凳的原始状态"；且"杀得牛羊，割下肉来，架上松枝，用铁叉叉肉就火便烤，并没有'炙子'，也没有酱油等一切作料，只蘸着细盐吃，鲜嫩异常"。这等粗豪食法，倒也过瘾痛快。

而今在北京，提到烤羊肉，首推"正阳楼"。此饭庄的历史，可追溯至清道光二十三年（1843），它以鲁菜出名，螃蟹菜和烤羊肉、涮羊肉尤誉满京城。后二者配上京东烧锅酒，更是叫座。张丽生在《旧京竹枝词》中便盛赞道："烤涮羊肉正阳楼，沽饮三杯好浇愁。几代兴亡此楼在，谁为盗跖谁尼丘？"它亦因此而跃居北京八大楼之首。

位于前门外肉市街的"正阳楼"，起先"以善切羊肉名"，其妙在"片薄如纸，无一完整"，而且此"专门之技，传自山西人，其刀法快而薄，片方整"。据了解，其羊肉片，是在选好上肉后，先行剔骨，肥瘦大体分开，接着剖成手臂粗的长条，以布包紧，切去肉头。此时其横切面红白相间，煞是好看，接着顺其切面，用一种特制（长约一尺、宽约二寸）且又薄又快的利刃，切成极薄的肉片，每十几片叠放在小盘内，谓之一盘，吃时以盘计。然而，这种利刃切不了多久就钝了。于是乎饭庄内数人切肉，边上另有一磨刀人，在一旁不停地磨刀。此情此景，绝非现在用电锯的业者所能想象的。而这手真功夫切出的肉片，其滋味之美，更非电锯之羊肉所能望其项背的。

香气四溢烤羊肉

又，据《都门琐记》的记载，"正阳楼"以羊肉闻名，"其烤羊肉置炉于庭，炽炭盈盆，加铁栅其上，切生羊肉片极薄，渍以诸料，以碟盛之。其炉可围十数人，各持碟踞炉旁，解衣盘礴，且烤且啖，佐以烧酒，过者皆觉其香美"。到了民国年间，《旧都文物略·杂事略》在谈到北京人生活状况时，亦写道："八、九月间，'正阳楼'之烤羊肉，都人恒重视之。炽炭于盆，以铁丝罩覆之……（羊肉片）蘸醯（醋也）、酱而炙于火，馨香四溢。食者亦有姿势，一足立地，一足踏小木几，持箸燎罩上，傍列酒尊，且炙且啖，往往一人啖至三十余桮（即盘），桮各盛肉四两，其量亦可惊也。"其所描绘的这幅享受美味图景，令人宛如身临其境，不禁馋涎欲滴，真是羡杀人也。

早年在烤羊肉时，食客用的是六道棱的木筷，惜此木筷虽趁手，但易藏污秽及烧煳筷头。自福建人张修竹发明用"箭竹"（即江苇，质坚外光，最为合用）后，"正阳楼"随即采用，因开风气之先，声名更加远播。

除"正阳楼"的烤肉外，金受申最推荐的，乃北京的"烤肉三杰"，它们分别是"烤肉宛""烤肉季"和"烤肉王"。这三家"都是小规模营业，就是口袋里只有几毛钱的客人，也可进去一尝"。其中的"烤肉宛"，只因地处闹市，故少了些风雅之趣。毕竟"烤肉本是登临乐事，地处闹市就觉得风趣差了"，而且它以烤牛肉发家，烤羊肉则是附带性质，但因制作精湛，亦深受行家的青睐。

"烤肉宛"的烤羊肉，专选用西口团尾绵羊或经阉过的公羊、乳羊，体重以四十斤左右为宜，而用于烤食的肉，在十七斤上下。其食材选择之精，固非比寻常，再加上宛家的独家刀法及加工工艺的巧妙、复杂，故切出的肉片极薄而小，且整齐如一。而烤时的木料，则以松枝、松塔为之，香气四溢。在烤羊肉前，先把炙子烧热，并用羊尾油擦之。待食用之际，根据自己的口味，将酱油、料酒、卤虾油、姜汁水、西红柿、鸡蛋液等调料兑成味汁，接着将肉片置味汁中浸腌入味，随即把切好的葱丝放在炙子上，最后把肉片捞出，放在葱丝上，边烤边翻动。俟肉烤至将透，再添香菜末翻动，至羊肉色呈粉白时，即可食用。此际烤好的羊肉，肉质含浆、滑爽、肥而不腻、瘦而不柴，其嫩度甚至可与豆腐媲美，遂闻名遐迩，有口皆碑。

比较起来，位于先农坛四面钟附近、地势高爽的"烤肉王"，就有登临之乐，它临野设摊，"颇有重阳登高的意思"。可惜城外风景虽佳，吃顿烤羊肉可不方便，自然顾客有限，知名度也就不高了。

真正得天独厚的烤羊肉，首推"烤肉季"。它的历史较"正阳楼"略晚，始创于清道光二十八年（1848）。当时，一名叫季德彩的通县人，每年仲夏到初秋间，便来到什刹海（位于北京北城，以风光旖旎著称）赶"荷花市场"。在银锭桥（桥在什刹海后海与前海之间，乃一座单孔小石桥，以形似倒置的银元宝而得名。此乃隔水望西山的最佳所在，"银锭观山"遂成为"燕京小八景"之一）东侧摆摊，挂着"烤肉季"的招牌，经营烤羊肉。由于手艺高超，食客如织，终与观西山、赏荷花齐名，号称"银锭桥三绝"，烤羊肉尤为人所称道，盛誉迄今不衰。

季德彩过世后，其儿子季宗斌（人称"季傻子"）接手经营，改变经营策略，常给预订的大户人家提供到府送货的服务。他自己三不五时推着小车，带上羊肉片、调料、松柴和烤肉用的炙子及一两个伙计,到附近的大宅府邸应差[1]。据说摄政王(指醇亲王)载沣好食烤肉,尤其是"烤肉季"的烤羊肉。曾有一家烤肉铺子想抢下这宗买卖,说通了王府管事,把自家的烤肉送入府内,不料载沣只吃了一口,马上大发脾气,说这不是季傻子烤的肉,吓得那位管事再也不敢让别家的烤肉进府了。

金受申并谓:"'烤肉季'主人季宗斌自己切肉,肉用牛羊庄的货,手艺也很好,并自制荷叶粥,外烙牛舌饼,很有特别韵味。"1927年起,季家由第三代接手经营,买了一座小楼,"烤肉季"从此由荷花市场上的临时摊棚,变成了有固定门面的正式餐馆。虽未像以往"后临荷塘,前临行道,但又非车马大道的烟袋斜街,所以僻静异常……吃喝却极为方便……后院便是海岸,高柳下放铁炙子,虽在盛暑也不觉太热",但主人饶有创意,临湖搭榭设立了"水座儿",美上加美,可以吃肉饮酒,赏荷戏水,观山览景,甚至谈文论画,于是乎成了文人墨客最爱光顾的老字号餐馆之一。国画名家溥雪斋便称其情其景为"莲池别墅"。

---

1 什刹海附近的豪门深宅、王府大院,主要者有后海北岸的醇王府、后海南岸的恭王府、定阜大街的庆王府、毡子胡同的罗王府、银锭桥附近的允䄄(é)、允禑(wú)府,以及张之洞的"可园"、宋小濂的"止园"、涛贝勒府花园、水东草堂、金氏园等。

季家的烤肉之所以能味美绝伦，远近驰名，百年犹盛，其中的关键在于严选食材不凑合，刀工讲究不马虎，熟制手法别具一格。是以近悦远来，高朋满座。

首先，"烤肉季"选用的上好羊，主要是体重二十公斤左右、黑头团尾的西口绵羊，然后才是北口的长尾羊或他处的大山羊。而且每天清晨，店家到京城各大羊肉床子精心挑选，只要后腿和上脑这两个部位。接着进行加工，剔除筋骨肉膜，用帘布包好肉，冰冻一昼夜后，再取出来切片。切刀是特制的，切出来的肉，须成两三寸长、一寸宽的半透明肉片，便于食客根据不同口味选用。例如，有人偏好吃瘦肉，可选满盘红色的"黄瓜条"；喜欢吃肥肉的，有红白各两端的"大三岔"；爱食肥瘦相间的，则有五花三层的"小三岔"；亦有人颇嗜羊腱子，肉就片得厚一点儿。总之，为了满足各方需求，选料片料，莫不精究。

其次，烤羊肉用的燃料亦不含糊。通常不用杂木，而是选用松塔，或者松木、柏木。松烟散发出的香气，也使得烤出来的羊肉带有一股松香，引人垂涎。

此外，烤肉最宜边吃边烤。在一张大圆桌上，放一口板沿大铁锅，锅沿置一铁圈，再放上铁条炙子，铁圈留一火口，以便投添木柴。羊肉就在炙子上烤，松烟与肉味混合，随风飘散，香闻四邻。相比之下，他店用杂木所烤出的，少了松烟味，气氛就差些。毕竟"炙之燔之",以香居冠。

而在享用之时,须备好一碗调料,其内起初有大蒜末、香菜末、卤虾油、酱油、料酒等。后来又多了香油、姜汁、白糖、醋及辣椒油等调料,由食客随意调制,充满个人化色彩。另,可备一碗凉水,在烤羊肉之前,先在水里略蘸(确能从肉中洗出血水来),再置炙子上翻烤,待颜色稍变,即可取出,蘸调料送口,亦有根本不用水碗者。还有人喜爱将涂有鸡蛋清的肉片先在调料碗内搅匀,接着再烤,取其滋浓味厚。但不管用何种方式,均搭配冰镇的黄瓜、西红柿、糖蒜及生大蒜佐餐,丰富多彩,好不快活。

最后,食客随性选毕羊肉,依其肉质肥瘦,烤的老嫩焦煳,味的浓淡甜辣,食的急缓快慢,全在自己拿捏,自烤自吃,现烤现食,乐趣无穷,号称"武吃"。如果不想自家动手,也可请伙计在旁代劳,光动口,不动手,是谓"文吃"。不论是文吃武吃,其鲜美香逸则如一。不过,邓云乡的看法,则是"自力更生最好,吃别人烤得的,就没味了"。说的也是实情。

烤羊肉的滋味,确实令人难忘。已故散文大家梁实秋便不能忘怀,于《雅舍谈吃》中指出:"在青岛住了四年,想起北平烤羊肉馋涎欲滴。可巧'厚德福饭庄'从北平运来大批冷冻羊肉片,我灵机一动,托人在北平为我订制了一具烤肉支子……支子运来之后，大宴宾客，命儿辈到寓所后山拾松塔盈筐，敷在炭上，松香浓郁。烤肉佐以潍县特产大葱，真如锦上添花，葱白粗如甘蔗，斜切成片，细嫩而甜。吃得皆大欢喜。"可惜的是，梁老后来旅居美国，也曾如法炮制，只是不如预期，未能恣意大啖。

关于贴秋膘，江宁夏仁虎对烤羊肉特别赞赏，所撰《旧京秋词》中，有诗道："立秋时节竞添膘，爆涮何如自烤高？笑我菜园无可踏，故应瘦损沈郎腰。"诗后并自注云："旧都人立秋日食羊，名曰添膘。馆肆应时之品，曰爆、涮、烤。烤者自立炉侧，以箸夹肉于铁丝笼上燔炙之，其香始升，可知其美，惜余性忌羊，未能相从大嚼也。"这位老先生不食羊肉，却对这种武烤的"野趣"歆慕不已，想来应是其中有真趣吧！

而今韩、日两国的烤肉馆席卷台湾，号称"无烟烧烤"[1]。其选料、刀法（机器制作）、调料和食法上，均师承自"京师三大风味美食"之一的烤肉。故当下想吃到烤羊肉其实不难，而且四时可享。这种情形，绝非清道光年间赋词云"严冬烤肉味堪饕……火炙最宜生啫嫩，雪天争得醉烧刀"之杨静亭所能想象得到的，仅就此点而言，咱们住在台湾，实在幸福得多了。

1　改置新的抽气排烟系统，不像以往用大烟罩，有碍观瞻且烟雾弥漫。

烧全羊与全羊席

北宋初年，徐铉受宋太宗之命，重加校订《说文解字》时，表示"羊大则美"。神宗时名相王安石撰《字说》，解"美"字为"从羊从大"，并云："羊大为美。"姑且不论体积大的羊，味道是否更美更好，但可确定的是，"全羊席"须以大羊为之，才能变化无穷。至于烧全羊嘛，当然是愈小愈好啰！

炕羊甚美

早在周天子之时，其御用八珍之一，即有烧全羊一味。据《礼记·内则》记载："炮，取豚若将（将同牂）。"此"若"字可以理解为"或"，也就是说，制作炮菜，取小猪或小母羊为食材。其在烹制前，先宰杀整治干净，去除内脏，塞枣子于腹内，用芦草包裹扎好，外表再涂上湿黏土，置入火中烧烤。等到湿黏土烤透，剥去外壳那层干泥，洗过手后，即去掉皮肉上的灰膜。接着，取糊浆（用米粉加水调成粥状）涂在乳猪或小母羊的身上，取鼎添油烧热，将它们炸至皮脆取出，切成片状，放入另一只小鼎内，加入香料，再把小鼎置于装有汤的鼎内，且注意大鼎之水不能滚入小鼎中，然后以文火连续炖三天三夜。临食之际，以酱、醋调味再食。此法十分考究，肉质肥而不腻，酥香且带肥鲜，一直传承下来。而炮豚演变成烤乳猪后，另辟蹊径，两者遂正式分家。

到了南宋，"炮牂"尚在，乃宫廷名菜。据《经筵玉音答问》一书记载：宋孝宗在宫中设过两次小宴，请老师胡铨吃饭，席中有"鼎煮羊羔""胡椒醋羊头"和"炕羊炮饭"这三道菜。其中的"鼎煮羊羔"，即是"炮牂"之遗风。

然而，最为宋孝宗所津津乐道的，则是"炕羊"，并谓："炕羊甚美！"这儿所说的"炕羊"，即是掘地为炉，以火加热，使羊受热至熟之法，可惜未载其烧法，后人无由窥其堂奥。幸喜明人宋诩的《宋氏养生部》中，述其烧法甚详，虽然年代相差甚多，但有借鉴及参考的价值。

宋书指出："炕羊，一用土墼甃（音宙，以砖砌成各种花纹），甃高直灶，下留方门，将坚薪炽火燔使通红，方置铁锅一口于底，实以湿土。刲（音亏，割杀）肥稚全体羊，计二十斤者，去内脏，遍涂以盐，止于一斤，掺以地椒（即蔓椒之小者，产于北方，专用烹羊）、花椒、莳萝（茴香）、坋（涂饰）葱屑。取小铁，挛束其腹，以铁枢笼其口，以铁钩贯其脊，倒悬灶中。乘铁梁间，覆以大锅，通调水泥墐（涂塞）封一宿，俟熟。或以爊料实于肠，周缠其体炕之，有常开下方门，时以炼火，续入复闭塞。一以两锅相合，架羊于中，蜜涂其口，炕熟，制尤简而便也。"

以下介绍的四种"炕羊"的制法，全都得掘地炉或砌砖炉。第一种烧法乃用铁叉、铁锅架地灶上烹之；第二种为包裹全羊，外用泥封，置于炉灶塘炭中，煨烤至熟；第三种亦是包裹泥封、架于砖灶上，其下用火断断续续烧，最后封严灶口，焖煨至熟；第四种则是将全羊放在铁锅内，上面再盖一只铁锅，架于地灶上，下以火烧，余火煨熟，这应是所有的制法当中最简便的一种。

目前内蒙古传统名菜中的"炉烤带皮整羊"，乃当地饮膳食俗的代表作，系蒙古族重大喜庆宴会的第一道佳肴，就其制作的方法观之，实为宋、元、明三代"炕羊"的重现。

此菜在制作时，选妥一到两岁大、尾巴白色的羯羊，先在颈部割断动脉，一放完血，在八十五摄氏度的热水中汆烫，去毛，接着在后腿里侧横拉一刀，打进空气，刮洗干净。另，在腹部顺开一刀口，掏出内脏，擦净腔内血污，再以专用铁链把羊拴挂好，膛内放葱、姜、花椒、八角、小茴香及盐等调料，然后在羊腿处用尖刀捅个洞，放入事先炒干且碾成末的花椒、八角、小茴香、精盐，并给羊皮刷上酱油、糖色、芝麻油，晾半小时后，仰挂在已用木柴烧三小时的砖泥制烤羊炉内，炉口盖上铁锅，以黄泥（或湿布）密封，烤约四个小时，待色泽金红、羊皮焦脆、羊肉嫩香即成。

又，开炉取羊后，将整羊卧于特制木盘内，羊角系上红绸，抬至餐室请宾客观赏，献上哈达，随后剥下羊皮，另剁块装盘上席，再割下肉，切成厚片，配以蒜泥、葱丝、面酱、荷叶饼上桌，以色泽深红、外皮酥脆、肉嫩味鲜而为世人所重。

其实，此款全羊菜，各地做法不尽相同。除"炕羊"的手法外，元初亦盛行"掘地为坎以燎肉"，元中叶后，则"柳蒸羊"大行其道。据《饮膳正要》及《朴通事》的记载，此法为"羊一口，带毛……于地上作炉，三尺深，周回（围）以石，烧令通赤，用铁芭盛羊，上用柳子（柳树之叶）盖覆，土封，以熟为度"。清代则出现以炉烤羊，并成为蒙古王府中常用的首席名菜，例如康熙至乾隆年间，驻北京的蒙古王公罗卜藏多尔济府内（简称罗王府、阿拉善王府），即常备此馔，其厨子嘎如迪，亦以此而名重京师。

招待上宾的烤全羊

"烤全羊",蒙古语称"昭木"或"好尼西日那",当下是内蒙古人用来招待贵宾的传统风味名菜,其首府呼和浩特,每遇重要节日时,民众仍必以"烤全羊"为上馔。

至于新疆的"烤全羊",乃当地久负盛名的首席名菜,维吾尔语称"吐鲁儿卡瓦甫",其意乃馕炕烤肉。清代时,一度成为宫廷大菜,而今它已与内蒙古的"烤全羊"一样,闻名中外,享有盛誉。维吾尔族凡遇重大节日或招待贵宾时,无此馔则不恭敬,其推重由此可知。

据说很久以前,新疆南部地区和田、喀什、库车等地的商人,带着驼队、货物外出经商,往返跋涉于戈壁瀚海,携带干粮充饥,途中遇有羊群之处,为了打打牙祭,便向牧民买羊。由于缺乏炊具,他们只好在宰杀后,将整只羊烤熟吃,居然别有风味。待抵达城镇后,即按此法炮制,以烤全羊招待客人,博得一致好评。后经不断改进,继而发展用馕炕烤食,风味更胜。

新疆"烤全羊"的制法,大致如下:先将两岁的羯羊宰杀,剥皮,去头、蹄、内脏,整治干净,再用一端穿有铁钉的木棍把羊从头至尾穿毕。接着将鸡蛋打散,加盐水、姜粉、孜然粉、胡椒粉、白面粉等,调匀成糊状,涂在羊身上,把羊头朝下,放入馕炕中，焖烤约一小时，至全羊色呈金黄，肉熟即成。享用之时，切片蘸精盐或椒盐而食。

此菜以色泽黄亮、皮脆肉嫩及鲜香味美著称，佐以烧酒或威士忌，不但可以相辅相成，而且相得益彰。

我平生仅尝过一次内蒙古式的"烤全羊"，地点是在某委员会，当"烤全羊"亮相时，众人一致鼓掌，厨师一一脔割毕，大家分而食之，但觉不膻不腻，味亦可人，惜稍过火而干硬耳。

由烤全羊演变而成整羊席

由"烤全羊"演变而成的"整羊席"，乃元代宫廷宴之一，蒙古语称"秀斯"，每逢喜庆宴会或招待贵宾，才会现踪。据《青史演义》记载，成吉思汗，己未年（三十八岁）带领大军行军途中过新年，正月初一晨，满朝文武百官拜完年，即摆上九桌"整羊席"的盛大宴会。而后世的吃法为，将蒸好或煮好的整羊放在矮桌上，主人先引刀割下羊首，供于成吉思汗像前，接着请宾客自割自食。肉味极鲜，无腥膻味，附上肉汤，内有炒米，味道亦佳。待忽必烈统一海内，宫廷每届正月初一，必设整羊席，款待臣工。

元朝的"整羊席"，基本上是以小绵羊为食材，经宰杀治净后，割成头、颈脊柱、带左右三个肋且连尾的背、四只整腿这七大块，入大锅内，白煮至熟。接着将其置于长方形大盘中，仍装成整羊状。上桌前，将羊首朝着客人方向，由厨师抬入场，请客人用"秀斯"，并以指蘸一下，以示祭祖。礼成，厨师便开始施为，"整羊席"就开动了。

但见厨师先将羊首放一边，再用蒙古刀脔切，将其余部位划割成小块，按原羊状堆好，接着把羊首置其上，端至客人面前，由主人恭请贵客享用。众客纷以餐刀割肉，蘸着作料吃，或直接用手抓食，同时搭配米饭及肉包子等。压轴的，则是羊肉汤或羊肉汤面。食罢，"整羊席"便宣告结束。

由此观之，蒙古人的"整羊席"和满洲人的食白肉，有异曲同工之妙，充满着民族特色与异地风情。不过，极为考究的"全羊席"，亦从清初正式成形，至同治、光绪年间仍盛，诚为中国的饮食另树一帜。

宋朝人特爱食羊，平日供应相关的食品不在少数，也有专门的羊肉店，仅在《清明上河图》中可看到的菜点，就让人大开眼界，计有"蒸软羊""酒蒸羊""乳炊羊"等二十六种，蔚成一股食风。元人亦重食羊，太医忽思慧所撰的《饮膳正要》中，羊菜细数不尽，可以自成格局。汉族、满族、蒙古族、回族等族在如此深厚的基础上，发展出一套套的"全羊席"，也就不足为奇了。

若论吃羊肉的极致,当以袁枚在《随园食单》内所云的"全羊"为最,其法共有七十二种。他称此乃"屠龙之技,家厨难学",须"虽全是羊肉,而味各不同才好",同时"一盘一碗",但"可吃者,不过十八九种而已"。可见他老人家对此一技高难学而无所用的"全羊席",并不十分认同。纯就此点而言,我则持保留态度,有些不以为然。

关于"全羊席",其最早的记载,乃元代《居家必用事类全集》中的"筵席上烧肉事"菜单。其逐渐成形,当在清乾隆年间,或更早一点儿。它多见于中国北方地区,以回族、蒙古族、汉族、满族制作的历史较早,不仅规模宏大,菜品众多,而且风味各殊,具有浓郁的民族特色。

一般而言,以整羊为食材所制成的"全羊席",在将整羊分解后,除毛、角、齿、蹄甲不能用外,其余分别取料,添加适合配料,运用各种烹法,制成各色菜肴,组成各种款式的全羊筵席。目前记载"全羊席"的书籍,以宋少山珍藏的《全羊大菜》手抄本、王自忠的《清真全羊菜谱》及张次溪所藏的《全羊谱》最为知名。《全羊谱》尤其少见,号称"海内孤本",由王仁兴、张叔文校释,我有幸在香港得之,视若拱璧,常置案右浏览,体会"屠龙之技"。

由于地区不同，"全羊席"的格局，出现一些差异。满族制作的"全羊席"，常用一百零八个菜品，分成三个组，每组三十六道菜。这三十六道菜中，又由六冷菜、六大件、二十四个热炒菜所组成，粲然大备，最为可观。蒙古族的"全羊席"，则是分别取料烹煮后，再恢复其原状，拼摆成整羊形，此是古法今用，象征完美吉利。汉族的"全羊席"，多以四四编组来排列菜点。大体上分成四平碟、四整鲜、四蜜堆、四素碟、四荤盘、羊头菜（五组，二十种并带点心）、各种羊肉菜（计十二组、五十八种）、八大碗、炸羊尾四碟、四色烧饼、四面食、四小菜及四色泡菜等，五彩缤纷，种类繁多，形式固定，徒乱人意。至于回族的"全羊席"，当以《全羊谱》为蓝本，菜名新奇，细致考究，实在精彩，其菜共七十六种，另载有《家常十样》备考，不光可食大餐，也可吃家常菜，实用性甚高。

　　《清稗类钞》内载有："清江庖人善治羊，如设盛筵，可以羊之全体为之。蒸之，烹之，炮之，炒之，爆之，灼之，熏之，炸之。汤也，羹也，膏也，甜也，咸也，辣也，椒盐也。所盛之器，或以碗，或以盘，或以碟，无往而不见为羊也。多至七八十品，品各异味。号称一百有八品者，张大之辞也。中有纯以鸡鸭为之者。即非回教中人，亦优为之，谓之曰'全羊席'。

同、光间有之。"看来其所记者，为满人所制作的"全羊席"，味出多元，器则多样，变化虽甚多，未必全中吃。

该文另指出："甘肃兰州之宴会，为费至巨，一烧烤席须百余金，一燕菜席须八十余金，一鱼翅席须四十余金。等而下之，为海参席，亦须银十二两，已不经见。居人通常所用者，曰'全羊席'。盖羊值殊廉，出二三金，可买一头。尽此羊而宰之，制为肴馔，碟与大小之碗，皆可充实，专味也。"显然"全羊席"在兰州当地，是上不了台面的，价格平民化，味道也特别，似不必花大钱去吃高档食材，只要自家快乐，吃个"全羊席"，也够受用了。

民国以来，最有名的"全羊席"，应为20世纪40年代天津"鸿宾楼"名厨宋少山所制作的一百零二款清真菜色的"全羊席"，一时传为美谈。然而，烹制此一屠龙绝活，既费时费力，且耗资巨大，不适合餐馆的日常经营。于是"鸿宾楼"的厨师们，将此席融会后，精心提炼出精华版的"全羊大菜"，现已成为清真风味中的代表性美馔。

"全羊大菜"以羊的脊髓、肚仁、腰子、耳朵、脑子、蹄须[1]、舌头、眼睛等为食材，用煨、炸、爆、烹、白扒、红扒和

1　一名虎眼，乃羊蹄上两个比黄豆稍大的白色圆粒。

独[1] 等技法制成。其特点为在一组攒盘中，即可尝到"全羊席"的精华[2]，八种食材，不同做法，鲜美醇香，有"味道各异，诸般美馔"之誉。阁下赴天津时，不应错过此道独特大菜。如再品个"全羊汤"，那就更不虚此行了。

"全羊汤"是一款用十余种羊杂碎调以高汤、调味料等制成的天津小吃。其在制作时，先将羊肚、羊葫芦、羊百叶、羊肝、羊心、羊肺、羊肥肠等煮熟，切成条状；接着把煮熟的羊眼、羊脑、羊蹄筋等切成薄片，再将已熟的羊脊髓切段。锅置旺火上，注入花生油，烧到八分熟时，放进葱、姜丝炸香，随即下主料（羊脊髓、羊脑、羊眼除外），略煸炒，烹料酒，添高汤煮滚，再下羊脊髓、羊脑和羊眼。待锅沸后撒盐，调好口味，盛入碗中供食。

食前可撒胡椒粉，汤面放点香菜，最宜搭配芝麻烧饼享用。汤浓料足，饼香而脆，确为小吃中的上上品。

而今在台湾，想吃内蒙古式或新疆式的"烤全羊"，可谓戛戛乎其难矣。若想吃琳琅满目的"全羊席"，恐怕也是天方夜谭，幸好卖羊馔的"阿土"，有好几道羊菜，倒是值得一品。

1　即�、�。

2　计有"独脊髓""炸蹦肚仁""单爆腰""烹千里风""炸羊脑""白扒蹄须""红扒羊舌"及"独羊眼"等。

店家位于新店市建国路，老板陈金土，乃金门人氏，擅烧羊肉炉，且其烧、炙、煮、爆等技法，皆有独到可观之处，是以我一吃即成主顾，每年必报到个好几回。

其"药膳羊小排""香酥小羔羊排""药膳羊肉火锅""红烧羊肉炉""三杯土羊肉""爆炒羊里脊""羊脚筋""红烧羊肉丸"等，并臻妙绝，食之余味不尽。每届秋冬时节，我必欣然前往，以白干或威士忌佐之，那股快乐劲儿，虽南面王不易也。

夜半最思烤羊肉

　　夜半腹饥，辗转难眠，应是人生的苦事之一。这时候，如有一顿好味，可以一觉睡到天明，肯定是美事一桩。由此看来，能九合诸侯、一匡天下、贵为春秋五霸之首的齐桓公，何其有幸！只要他夜半不嗛（即肚子饿），他那被后世尊为"厨神"的厨子易牙，就会使出浑身解数，"煎熬燔炙，和调五味而进之"，让他食之而饱，才心满意足地睡上一觉，"至旦不觉"。然而，即使贵为天子，也不见得个个有此福分。其最明显的例子，就是"恭俭仁恕，出于天性"的宋仁宗了。

　　据魏泰《东轩笔录》记载："（仁宗）一日晨兴，语近臣曰：'昨夕因不寐而甚饥，思食烧羊。'侍臣曰：'何不降旨取索？'仁宗曰：'比闻禁中每有取索，外面遂以为例。诚恐自此逐夜宰杀，……害物多矣。'"他为了"恐膳夫自此戕贼物命，以备不时之需"（见《宋史·仁宗本纪》），宁可自己肚子饿，也不肯破例吃个夜宵，尤其是自己爱吃的烧羊肉，怕从此成为惯例。这种仁民爱物的精神，确实令人佩服，难怪正史会记上一笔。

宋人最爱食羊肉

以"天性仁孝宽裕，喜愠不形于色"著称的宋仁宗，本名赵祯。《宋史》对他的评价极高，指出："《传》曰：'为人君，止于仁。'帝诚无愧焉！"不过，他在位期间，宫中食羊数量惊人，以致一日宰杀二百八十只，一年需用十余万只，这些羊多数是从陕西等外地运送至汴京的。仁宗驾崩后，皇家为他举办丧事，竟将京师的存羊杀尽，可见他如不稍加裁抑，杀羊之数必更可观。只是宋人何以特别嗜食羊肉，倒亦有迹可循，不全为无的放矢。

原来猪肉在饮食上的地位，自魏晋南北朝之后，不仅大不如前，反而直线下降，上至天子，下到公卿百姓，无不以吃羊肉为贵，推敲其中原因，应与当时的本草学者对其没有好评有关。

例如《名医别录》记载："凡猪肉，味苦，主闭血脉，弱筋骨，虚人肌，不可久食。"唐代名医孙思邈亦认为："不可久食，令人少子精，发宿病；豚（即小猪）肉……久食，令人遍体筋肉碎痛乏气。"另，讲究以兽肉作补的韩懋则说："凡肉有补，惟猪肉无补。"且一代宗师陶弘景亦云："猪为用最多，惟肉不可多食。"其中，又以撰写《食疗本草》的孟诜所持的看法，最具杀伤力。其表示："久食杀药，动风发疾。"正因他们一连串的批评，于是到了宋代，不论宫廷民间，对猪全无好感，以致"御厨不登彘（猪的别称）肉"（见《后山谈丛》），"黄州好猪肉，价贱等粪土"（见周紫芝《竹坡诗话》）。另，根据统计，宋神宗熙宁十年（1077），御厨共支用羊肉十多万公斤，猪肉仅用两千多公斤，比率约为五十比一，足见两者落差极大，比例悬殊。

其实宋人爱羊，从徐铉受命重加校订《说文解字》，中有"羊大则美"之语，即见端倪。在时势所趋下，皇上赐宴以羊肉为大菜，臣下进筵给皇上，自然也是如此。羊肉成为官场主菜，即使官员的俸禄中，亦有"食料羊"一项，算是特加的赐物（相当于后世之配给）。尤奇的是，御厨每年都承办赏赐群臣烧羊的事务，为宋朝所仅有。准此以观，在尚书省所属的膳部，其下设"牛羊司"，掌管饲养羔羊等，以备御膳之用，也就理所当然。

羊肉在北宋的肉食中，占有举足轻重的地位，宰相吕大防曾上奏哲宗道："饮食不贵异味，御厨止用羊肉，此皆祖宗家法所以致太平者。"（见《续资治通鉴长编》）故其历朝皇帝，笃守着祖宗家法，到了南宋时期，仍以食羊肉为主，首都临安的食羊，多来自两浙等地，由船只装运到都中，以备各方之用。

至于宋仁宗夜半思食的烧羊，其原始之面貌，解读却有不同。照袁枚在《随园食单·杂牲单》"烧羊肉"一节的看法，乃"羊肉切大块，重五、七斤者，铁叉火上烧之"，因"味果甘脆"，故"惹宋仁宗夜半之思也"。显然认为是切成大块肉叉烤。今人周三金编撰的《中国历代御膳大观》则异于是，认为北京羊肉床子所卖的烧羊肉，才是其正韵。如纯就菜名观之，自当以后者为是。

北京羊肉最有名

北京的羊肉素负盛名，所谓"名闻全国，无半点腥膻气也"，并未言过其实。《都门杂咏》云："喂羊肥嫩数京中。"更直指旧时中国的羊肉，要数北京所喂的肥羊最好。

基本上，北京当地亦养羊，但数量不多，总的来说，全是外来的。其来路有三条：第一条从西口外，即居庸关、张家口之外的内蒙古草原，以张家口为集散地；第二条由东口外，即古北口之外，以承德为集散地；第三条则从太行山脉来的，以易州、保定为集散地。公认以西口外的大肥绵羊质量最优。

那时的羊肉贩子，将成群的大肥羊赶到北京郊区圈起来，并不马上宰杀上市，先要喂养四五十天到两个月。一说西口外来的大肥羊，一定要吃上几十天北京的草料和水，肉才不会膻，这当然是说说而已，其主要的目的，绝对是把风尘仆仆、久经风霜的羊儿养肥，才能卖个好价钱。老北京一年四季都有羊肉卖，但以旧历六月六日为分界点。这天人们照例买羊肉吃，亦从此日起，烧羊肉开始供应。俟金风送爽时，羊肉大量上市。东西南北各城，凡有猪肉杠的所在，必定也有羊肉床子。而羊肉的生意，往往较猪肉好得多。《旧都文物略》所记的"饮食习惯，以羊为主，豕助之，鱼又次焉"，正是实情。据老文学家邓云乡回忆说："我家住在北京西城时，记得由甘石桥到西单，大街两旁羊肉床子，有四五家之多，总多于猪肉铺，其中有一家，店名叫'中山玉'，多年来一直不忘这个高雅的店名。"

文学大家梁实秋曾撰文指出，北京"夏天各处羊肉床子所卖的烧羊肉，才是一般市民所常享受的美味"。这种羊肉床子，就是屠宰专售羊肉的清真店铺，内外皆保持清洁，刷洗得一尘不染。一到"六月六，鲜羊肉"的时节，便于午后卖烧羊肉。其做法为"大块五花羊肉入锅煮熟，捞出来，俟稍干，入油锅炸，炸到外表焦黄，再入大锅加料、加酱油焖煮，煮到呈焦黑色，取出切条"。

而这样的羊肉，其妙在"外焦里嫩，走油不腻"。买烧羊肉时，要记得带碗，因为店铺会给顾客一碗汤，其味浓厚无比，自家再拉个面，以此汤浇着吃，可谓鲜到极点。这时正逢新蒜上市，也是黄瓜旺季，取此二者佐这碗烧羊肉面吃，简直"美不可言"。

其实，在京中所有的烧羊肉床子中，其名气最响的，莫如老字号的"洪桥王"和"东广顺"（一名"白魁老号"）这两家。

洪桥王：据说烧羊肉的老汤，历史最悠久。其后院有个地窖，每年一遇烧羊肉季节结束，必一年滚一年，将保存的老汤下窖，故能历久常新，滋味独绝。已故饮食大家唐鲁孙忆及往事，谓其院内"有一棵多年的花椒树"，当"金风荐爽，玉露尚未生凉，烧羊肉一上市，恰好正是椒芽壮苗、嫩蕊欣欣的时候"，凡是来买烧羊肉带汤的，一定用花椒蕊就羊肉汤下杂面（豌豆细面），吃得不亦乐乎。

唐老又言，抗战胜利后第二年，他回老家北平（即北京），正好赶上烧羊肉刚刚上市，便兴冲冲地光顾"洪桥王"，但见"内柜陈设布置，仍然老样，丝毫未改"，而且盛放烧羊肉的大铜盘，"仍旧是擦得晶光雪亮，羊腱子、羊蹄儿、羊脸子、红炖炖、油汪汪、香喷喷、热腾腾，堆得溜尖儿一大盘子"，便大快朵颐，吃了一顿"非常落胃的烧羊肉和花椒蕊羊肉汤下杂面"。然而，好景不长，因"羽书火急，又匆匆出关"，以后"连再吃一顿的口福都没有了"，言下不胜唏嘘。

白魁老号（东广顺）：开业于清乾隆四十五年（1780），至今已超过两百年。它起初是家"羊肉铺"，开在隆福寺对面，除了平日卖生肉，在庙会时会兼卖熟货，生意十分红火。后来，掌柜白魁觉得熟货盈利更多，索性专卖烧羊肉、羊杂碎和羊肉面。由于所烧制的烧羊肉工精料实、质佳味美、风味独特，且"例于立春后'下锅'，在各羊肉铺中为最早"，人又善于经营，服务周到热情，遂在众多的同行中脱颖而出，进而独树一帜。久而久之，人们一说到要买烧羊肉，无不指名要"白魁"的。若干年后，白魁因故得罪了某王府老爷，被发配新疆充军。小饭馆被顶让给厨师景福。此时民众提到烧羊肉，仍强调"要白魁老号的"，渐渐地，景家便以"白魁清真馆"当字号，但习惯上，老北京人仍称"白魁老号"。

"白魁老号"最有名的烧羊肉，之所以与众不同、"独领风骚"，自有其独创秘方和功夫。其在选材上，必用体重三四十公斤的三至六岁内蒙古黑头白身的肥嫩羯羊，宰杀之后，整治肥嫩部位（包含腰窝方子、排叉和脖子肉、头、腱子、尾巴、拐子、蹄子、肚、肥肠、肝、肺、心、脾等）。接着用乾隆时代的两口双底大锅烧制，一口大锅可煮肉一百五十斤左右。

而在烧羊肉时，第一步为吊汤。平均六十斤肉用水一百斤。俟水入锅后，下高黄酱，以旺火煮，于水将沸时，撇去浮沫、渣滓，熬个二十分钟成酱汤，再用细布袋滤入盆内待用。第二步是下肉，一块一块下锅，汤开一次置一块，每煮半小时翻一次肉，入口蘑、花椒、冰糖、大葱、生姜和甘草等，此即"紧肉"。第三步，将紧好的肉捞出，以碎骨垫锅底，撒上一半调料（桂皮、肉桂、丁香、砂仁、草果、陈皮、花椒、小茴香、甘草），按老肉在下、嫩肉在上逐块码好，接下来码羊头、蹄、尾、肚、肺、肠等，待码好后，再撒入另一半调料，盖上竹板，压上一盆水。锅内放盐，用旺火炖两小时。炖时，每滚一次，放一勺酱汤。最后一步为煨烧，先以旺火炖上两小时，再用微火煨个两小时，然后起锅晾凉。临吃之际，入油锅炸，将肉两面炸焦即成。随炸随吃，风味极佳，但羊头和蹄则不需要炸。如果整个上席，即为烧全羊，食罢令人拍案叫绝。

此一精制而成的烧羊肉，其特点乃外焦里嫩、香酥不腻、味厚不膻，其味之美，远近驰名。道光年间诗人杨静亭的《都门杂咏》绝句，描绘传神，写道："喂羊肥嫩数京中，酱用清汤色煮红。日午烧来焦且烂，喜无膻味腻喉咙。"不过，内行人吃烧全羊，肉一定要搭些杂碎调味。在吃杂碎时，亦有门道，如食耳朵要吃脆骨，食羊眼要吃汤心等。若不谙此要领，每会贻笑方家。

羊肉押面："白魁清真馆"后由景家经营了四代，论其烧羊肉之佳，堪称京中第一，但其另一项特产"羊肉押面"，也是有口皆碑，人们争相追捧，只为一膏馋吻，而且百吃不厌。

相传清朝时，每年农历二月初二"龙抬头"这天，旧京风俗要吃面条。而隆福寺的庙会，乃东城最热闹所在，于是不少人得空趁便来"白魁"，就为吃碗羊肉押面。这是种过桥吃法，即店家送来一小碗带汤烧羊肉和一中碗手工押面，食客再将烧羊肉和绛红色的原汤一起倒在面里，羊肉细嫩、肥烂、香浓，面条则滑润、利口、筋道，让人爱不释口，且这一天，就连宫中也会差太监来此，用八个红捧盒取走刚出锅的烧羊肉。

隆盛馆（灶温）："白魁"的押面固佳，但与其相邻的"隆盛馆"，历史更早，所押之面尤棒。据史料云："（隆福寺）对门有饭馆一座，名'隆盛馆'，俗呼'灶温'，铺掌温姓，晋人。肆创于清圣祖（康熙）时，初只有灶，代客炒菜，故名'灶温'，所谓'炒来菜'者是也。"旧时盛传一首赞美"灶温"的竹枝词，云："可是成都犊鼻裈，过门时复驻高轩。伯鸾风概何人省？二百年来爱灶温。"作者并自注道："东城隆福寺对门，有饮肆署曰

'灶温'。相传，康熙中有爇灶于此，邻右售酒炙者，恒就取暖，因而得名。今以善制面称。"

"灶温"的抻面中，以"一窝丝"（八扣的拉面，一般的拉面为六扣）最负盛名。于是刁嘴的食客，便用"白魁"的烧羊肉加汤，搭配着其一窝丝吃，日子久了，反成流行吃法。由是两者结合，成为不解之缘，可谓相得益彰。

唐鲁孙总结两家烧羊肉配面的吃法，谓："地道北平人有个习气，烧羊肉汤买'白魁'的，一定是下抻条面；买'洪桥王'的，一定是下杂面。南方人说北平人吃东西都爱'摆谱儿'，就是指这些事情说的。"且不说是否摆谱儿，要这样的考究，才是饮食的精髓所在，也是饮食文化的真谛与奥妙处。如果只是囫囵一饱，根本谈不上所谓吃的文化了。

锅烧羊肉

当下要吃好的烧羊肉，还是得去北京，毕竟自己动手做的，终究逊了一筹。梁实秋生前曾和一位旗籍朋友聊天，一谈起烧羊肉，"惹得他眉飞色舞，涎流三尺"。朋友说："此地（台湾）既有羊肉，虽说品质甚差，然而何妨一试？"隔没多少天，他找梁老去尝，"果然有七八分相似，慰情聊胜于无，相与拊掌大笑"。我不知他的烧法为何，权在此提供一道清真名菜"锅烧羊肉"的做法，它以羊胸肉为主食材，经裹糊、炸制、改刀而成，是烧羊肉演化而来的现代版本，可充家常菜肴。诸君如有兴趣，不妨依式制作。

锅烧羊肉的制作要领为，将羊肉切成大方块，葱切长段，姜切片。置羊肉块于开水中，煮至不见血水为止。接着捞出，撒上精盐揉搓，放在容器内，以葱、姜、花椒、八角、桂皮、丁香等调料腌约一小时后，浇上料酒，再放入笼中，用旺火蒸烂，取出沥去汁，拣去调味料，将羊肉用刀改成两层。然后以鸡蛋加湿淀粉调和成稠糊。并把羊肉的两面均裹上蛋糊，下入烧至七八分熟的油锅中，炸到起泡且表面黄脆时捞出，改成条形，摆入盘内，撒上花椒盐即成。其特点为表皮酥脆、肉烂味美、清香不腻，乃佐餐、下饭的佳品。不拘任何时节，都可欣然享用。

老实说，在各式各样的食材中，折耗最严重者，首推羊肉。故谚语云："羊几贯，账难算，生折对半熟对半，百斤只剩廿余斤，缩到后来只一段。"意即一只百斤重的羊，宰杀解割后，只剩五十斤，煮熟后则剩二十多斤，的确所剩不多。不过，羊肉的损耗虽多，却也最能饱人，因为羊肉吃到肚里容易发胀，是以陕西人日食一餐，仍不觉得肚子饿，即为食羊肉之故。一代美食家李渔在《闲情偶寄·饮馔部》就指出："生羊易消，人则知之；熟羊易长，人则未之知也。羊肉之为物，最能饱人，初食不饱，食后渐觉其饱，此易长之验也。"因此他告诫人们说："补人者羊，害人者亦羊。凡食羊肉者，当留腹中余地以俟其长。"如果不稍加节制，一下子吃得太多，"饭后必有胀而欲裂之形"，导致伤脾坏腹，严重影响健康。

总之，宋仁宗夜半肚饥而难成眠，但他怕御厨从此多杀生，只为满足他的不时之需，从而成为定制，以至忍住不食烧羊肉，传为千古美谈。也幸好他发挥爱心，宁愿自己腹饥，没有大吃羊肉，造成身体负担，好心终有好报，不但成就"仁宗"之名，进而"君臣上下恻怛之心，忠厚之政，有以培壅宋三百余年之基"。

我比较好奇的是，如果时空转换，让他得以尝到"洪桥王"和"白魁清真馆"的烧羊肉，这位仁君在夜半饥肠辘辘时，是否也熬得住，绝不"降旨取索"此一尤物呢？

美味马肉面面观

　　中国人的造字很有意思。三个鱼（鱻）是"鲜"字，三个羊（羴）是"膻"字，三个牛（犇）同"奔"字，三个鹿（麤）是"粗"字，只可意会，不能言传。那么，三个马是啥？可就没有这个字啦！日本人则在命名上颇具巧思。由于江户时代杀生是犯戒律的，因此食用各种肉类时，都得使用隐语，大伙儿心照不宣。比方说，猪肉之色泽如牡丹般淡白雅致，故称"牡丹"；鹿肉之色泽像煞枫叶般艳红，故名"枫叶"；至于白里透红的马肉，则称之为"樱花"。所以，诸君到日本料理店点菜时，见到"樱锅"字样，千万别以为是锅里放了樱花，它可是如假包换、食味万千的马肉火锅哩！

　　犹记得小时候，曾听家父提起，"马肉的味道是酸的，如非必要，人们不食"。这话我一直信以为真，直到有一次在台北的"吉田日本料理"吃马肉刺身后，才发觉不尽然。原来马肉之所以发酸，是因为它们在长期、大强度用役时，肌肉中积聚了过量乳酸所致。其实，小马肉非但不酸，而且带有甜味，吃起来很爽口。不过，就如同羊肉有羊膻气、鱼肉有鱼腥味一样，马肉亦有其独特气味，幸好味道不重（指肉马），故在烹调时，只要加点陈皮、豆蔻或砂仁等，即能彻底除去，变得清香可口，只要送进嘴里，每每欲罢不能。

依照食材种类区分，马属哺乳纲，奇蹄目，马科动物，乃畜禽烹饪食材之一，大体可分成挽用、骑乘（兼驮）和专供食用的肉（乳）用三种。目前中国的马，主要分布于东北、西北和西南地区。如据1987年联合国粮食和农业组织所公布的数字，中国所饲养的马，多达一千一百万匹，居世界首位。只是其中大多数供作役用。现则因应全球的"食马热"，国人遂致力于肉马饲养业之发展，出口数量大增。光是"大连食品公司育马场"，其专为日本所提供的专业肥育生食马肉，近几年来，即达万匹之数。

食用马肉的历史

中国人吃马的历史极久。据考古发掘，早在新石器仰韶文化时期，已发现了食马的遗存。及至先秦时，马与牛、羊、猪、鸡、犬，同被列为六畜，《东观汉记》且有"马醢"（即马肉酱）的记载。而成书于北魏的《齐民要术》，更提及用马作辟肉之法。从此之后，关于吃马的记述全是粮尽援绝之际，不得已才杀战马而食之。至此，其供作活命的需求，显已超过了满足口腹之欲。

在西欧人士中，法国人老早就爱吃马肉了，为了满足需要，以往是由波兰用船将活马运来，现则从美国和加拿大等国，进口冰冻及真空包装的马肉。据统计，嗜食马肉的比利时人，每年至少可吃掉三万吨。近年来，一方面由于家禽及鱼类产品不断增长，兽肉销售量锐减；另一方面则因当地电视和广告中，持续进行保护马的宣传。尽管法国一些知名的营养专家大力宣传，并提倡多食马肉，但人们先入为主，逐渐兴趣缺失。流风所及，比利时首都布鲁塞尔过去一向猛吃马肉的某校师生，现在居然禁食马肉，影响不可不说深远。

然而，日本人对马肉依然嗜食如故，熊本市人更是疯狂，不但街上的马肉馆随处可见，而且已到了"无马肉不成席"的地步，马肉刺身特别抢手，最名贵的是年龄两至三岁小马的背部，其次为里脊肉。因一匹小马的背部肉，只有两公斤左右能做刺身，故日本国内所饲养的肉马，早就不敷所需，每年还得从中国和阿根廷等地大量进口。

熊本的马肉刺身，其味美到了何种程度，我曾见过一则笔记，上面提到：有人到该地出游，意外参加那里的宴会，看到席上有一盘生的"樱花肉"，但见白色的脂肪镶嵌于瘦肉中，红白层次分明，宛如初绽的樱花。这位客人胆子不小，曾吃过河豚的生鱼片，主人便请他试味。客人自然乐于品尝，夹了其中一片，在小碟的酱油内略蘸，再抹上些芥末，马上送进嘴里，顿觉鲜嫩可口、美味无穷，认为它的滋味不仅在金枪鱼（即黑鲔、本鲔）之上，且嫩度更胜于上等和牛。

在此需声明的是，马肉的纤维较粗，结构不似牛肉紧密，但其肌间含有糖分，吃时会有回甜，亦因而易滋生致病的微生物，故生食不应鼓励。已退役的老马，则因肌间积聚较多的乳酸，酸味较重。所以，烹制老马肉时，不宜生炒生爆，适合长时间炖、煮、卤、酱等烧法，如改用重口味的红烧，或先行白煮后，再以烧、烩、炒、拌等方式制作，也是不错的烹调方法。此外，以烤、熏、涮或腌、腊等方法成菜，亦颇可口。

一般而言，整治马肉（指役马）宜浓重口味，多用香辛料以矫其异味。而在卤、酱时，先沸汤下锅，以旺火紧身，制成出锅后，待其冷缩再食用，手法及吃法极似卤、酱牛肉。另，用马肉制作的火腿、香肠、灌肠(或与猪肉混合灌制)，风味颇佳，甚受欢迎。而今中国知名的马肉名食中，以呼和浩特的车架刀片五香马肉和桂林的马肉米粉最著名。后者尤其有名,是一道响遍西南的广西风味小食。

桂林有几样好吃的土特产,像豆腐乳、三花酒、辣椒酱、米粉、马蹄(即荸荠)等均是。桂林的米粉,比起广东和福建的都来得粗,其妙处在清中有爽,它与广西西部山区以负重闻名的"广马",一经厨师的搭配组合,即是这味令人百吃不厌的马肉米粉。

马肉米粉的作料为马肉和马下水(即内脏),桂林最擅烧制的名店为"又益轩"及"会仙楼",其马肉和马下水均须先用盐和硝腌过,再贮放于缸内,经过一季,即可享用。此肉松软香脆,切成薄片,铺在米粉上,加入卤汁,味道十分诱人。米粉直接在以马骨熬成的浓汤中烫熟,随着粉勺捞起,带些汤汁入碗,并且拌匀作料,使汤味更鲜清隽美。当地的行话为:"吃马肉米粉不重在吃米粉,而在吃马肉;又不重在吃马肉,而在吃马肉汤。"

香港饮食作家万尝先生曾自述他在桂林吃马肉米粉的初体验,写得轻松有趣,读来亲切有味。他指出:"坐下来面对锅炉,伙计问我要吃多少碗,登时把我吓得一跳。吃米粉通常一碗起两碗止,哪有一口气先要多少碗的道理?后来发现旁边的客人要了二十碗,自己又怎好不回话,可是又何敢造次，于是折中地要了十二碗。焯粉的先来一碗给隔壁，放眼看去，不过是小饭碗大小，仅可容米粉一箸，上面加上了三片鲜红熟马肉。我以为第二碗该轮到我了，怎知又是他，下去第三碗也是他。这时我才了解，那位仁兄可能一口气连吃下去，我于是埋下头来抢吃面前那碗南乳（即豆腐乳，桂林所制尤佳，与三花酒、辣椒酱合称"桂林三宝"）花生。据说南乳花生可解马肉的'毒'，究竟马肉毒在哪里，天晓得，就当自己先吃预防剂吧！这种连珠炮式的吃法倒非常有趣，只要朝口里一扒，马肉连米粉就吃得干干净净，焯粉的好像看清楚我的速度，配合得很，不至于把我当填鸭来填，吃到一半，我觉得分量不足，还是再加十二碗。结果一共吃了二十四碗。"由此观之，吃这马肉米粉与吃台南的担仔面雷同，都是碗小量少，吃个十来碗，还不是稀松平常、小事一桩？

话说回来，即使在日本首善之地的东京，吃马肉仍不算普遍，除了偶尔在超市中可买到马肉刺身，专卖马肉的料理店也不多。据《东京食堂》一书的记载，以涩谷的"ほち賀"、日本堤的"中江"和森下的"みの家"三家最为知名，其中，"中江"的樱锅是马肉的寿喜烧，"锅内置有祖传秘方的味噌配料，以细小火候烹煮、轻筷搅拌。待马肉变色之前，即可取而食之，入口前蘸润蛋汁食用。马肉食终之前，放入青菜与其他食材于锅底，熟毕即可食用，美味顺口。最后留残锅汁、剩余蛋汁相混后，搅拌入饭内，滑溜醇香，这正是樱锅的最后一道精华，美食的终极品尝"。另，店中的樱锅，依其食材、价位可分为马肉锅、里脊马肉锅及霜降马肉锅三种。依我个人的观察，马肉用寿喜烧的吃法，似乎较不易品出其独特的风味，实不如刺身、涮涮锅及铁板烧来得讨好。

"ほち賀"的樱肉料理，创业于一百年前，起初只卖寿喜烧，现则五花八门，种类繁多。除招牌的刺身及涮涮锅外，尚有煎马肉排、马肉天妇罗、串炸马肉饼、马肉可乐饼等花样。其马肉与"中江"的相同，均由北海道直接配送而来。

谈完了马肉，也该谈马的下水（即内脏）啦！

美味的内在

据《东周列国志》上的说法，燕太子丹为了让荆轲刺杀秦王，使出浑身解数，不惜一切代价，满足荆轲需要。故"太子丹有马日行千里，轲偶言马肝味美，须臾，庖人进肝，所杀即千里马也"。书中自然没写这道佳肴是怎么烧的，照我个人的推测，当和烧制狗肝（即肝膋，膋，liáo）之法相近。此菜在烹制时，把狗肝洗净，再用狗网油包好，然后将包裹好的狗肝沾湿，放在炭火上烤，待烤至焦黄色即可食用。味道究竟如何，因我未曾尝过，不想随便乱讲，若凭想象为之，应与淡水"梁记烧腊店"的叉烤鸡肝相若，外酥脆而内软糯，释出阵阵香气。除了战国时期外，中国少有食马肝的记载，其原因恐与《本草纲目》上写的"马肝有大毒……按汉景帝云'食肉毋食马肝'，又汉武帝云'文成食马肝而死'"有关。只是不知桂林人在吃马肉米粉时，其所配食的南乳花生，可否解马肝之毒呢？又，"马肠子"一味，并不完全是真正的马肠，而是哈萨克族人在入冬时，选膘肥肉嫩的母马，宰毕剔开脊骨，使腹部的肉和肋骨连在一起，分段切好。如此，便形成中间有肉又有油、两头有肋骨的长肉条，用盐略腌，把此肉条硬塞进马肠子里，扎紧两端。完成之后，用烟先熏一下，以免表面发霉，放阴凉处晾干。他们在待客时，往往先煮好一锅手抓肉，把肉置于盘子正中，再以整条马肠子围绕其外，好像一堵"围墙"。而在享用之际，先从马肠子下刀，切开取食，挺有特色。

还有那享誉西北边区的"马杂碎"，绝对不是马下水，而是青海著名的小吃，只因一位马姓回民烧制杂碎小吃有特色而得名。当地每到冬季，大批宰杀牛羊，杂碎大量上市，经营杂碎小食，生意跟着兴隆。它的好处是可做早餐，也可做午、晚小吃，出售时则根据顾客的需要，杂碎切碎，配上炖汤，就馍食用。由于成品软烂汤浓，油大醇香，味鲜无异味，能解饥驱寒，故成为寒冬季节的绝妙美食。假使阁下到青海，点食马杂碎，发觉不是马下水，千万别胡乱声张，免得惹人笑话。这情形正如到成都吃夫妻肺片，竟看不见一片牛肺一样，有其人文背景，没什么好大惊小怪的。

清代名医王士雄在《随息居饮食谱》中指出："马肉：辛苦冷，有毒，食杏仁或饮芦根汁解之，其肝，食之杀人。"这是对马肉最不利的记载。事实上，并非如此。经分析比对后，马肉营养堪称丰富，每一百克中，约含蛋白质十九点六克，脂肪零点八克，属高蛋白低脂肪食品；含铁量极高，比猪肉高五至六倍，比牛羊肉高三至四倍，仅次于猪肝。加上马的产肉量高，瘦肉比例多，肉质亦佳，实为改善中国人肉食结构的重要肉源。由于它可以溶解胆固醇，具有扩张血管、促进血液循环、降低血压的功效，故长期食用马肉，应可防治动脉硬化和高血压等症，有益于人体健康。

当下中医普遍认为马肉味甘酸性寒，能收除热下气、长筋骨、强腰脊及强志轻身之功，治筋骨挛急疼痛、腰膝酸干无力等症。马心可补心益智，治心昏健忘。马肝能和血，调经，治妇人经水不调、心腹滞闷、四肢疼痛。除此之外，马骨也是好东西，可清热、疗疮（包括身上长疮及小儿头疮）。可见马肉近年走红全球，不但是形势使然，而且自有其妙用，就连其下水、骨头等，都有其医疗效果，断不可轻易放过它。

塞外佳酿马奶酒

　　梁羽生的《萍踪侠影录》，堪称他最成功的一部作品，也是新派武侠小说的经典名著之一。记得当年读此部小说时，常看到男主角张丹枫不时地饮马奶酒，这对深好美馔佳酿的我而言，不啻致命的吸引力，早就想喝个痛快。后来因特殊机缘，竟在某委员会举办的餐会上，一次品尝六种不同品牌的马奶酒，内心实不胜之喜。自从圆过梦后，我即未曾再饮马奶酒，一方面固然是"路远莫致之"，另一方面则是其特殊的气味，会产生两极化的效果，嗜饮者虽争相追捧，怕喝的人却避之唯恐不及。由于我尚无法完全领略其妙，故至今甚少再提起兴致，主动出击。

"塞北三珍"之马奶酒

事实上，与醍醐、酥酪合称为"塞北三珍"的马奶酒，一向是蒙古族的风味美食。据《蒙古秘史》上的记载，成吉思汗的祖先孛端察儿（一译博腾其尔）（约10世纪中叶），在通戈利格小河畔游牧时，就曾酿制和饮用马奶酒。不过，汉文文献的记载比此书还早上许多。马奶酒何时由漠北传入内地，现已不可考，但早在两千年前的西汉时期，它已流行于中原地区，更因其味美甘醇，受到汉皇室的重视，积极设官管理。

例如《汉书·百官公卿表》即载：太仆寺下设家马令一人，丞五人，尉一人，职掌酿制马奶酒。同时又指出："武帝太初元年（公元前104年），更名'家马'为'挏马'。"东汉人应劭据此注释为："主乳马，取其汁挏治之，味酢可饮，因以名官也。"可见汉宫廷养马不只是用来作战、驮运，还饮其乳汁，且用来制酒。后人因而称马奶酒为"挏马酒"，或简称为"挏酒"。

从此之后，历代皆有设置专门管理马乳、马酪或酿制马奶酒的机构，为王室供应奶酪及酒品，像唐代太仆寺下设的典牧署、宋代太仆寺下设的奶酪院、元代太仆寺下属的挏马官等均是。到了明清时期，明政府更规定，每年从民间征收来的马匹中，必须有三十五匹是乳马；清政府则采取自食其力的方式,在京郊设置挏马群,由专人管理。由这里即可看出,当时的帝王、贵族们,无不把马乳及马奶酒视为一种珍贵异常的饮料。

撞击马奶酿造成酒

马奶酒的别名除挏马酒、挏酒外,它又有湩酪、马酪、马酒、乳醋、七噶等别称。如用蒙古语称呼,乃"额速吉"或"忽迷思",其意为"熟马奶子"。目前国内饮用马奶酒的,主要有蒙古族、哈萨克族、柯尔克孜族等游牧民族。

关于马奶酒的酿制方法,《汉书·礼乐志》中,李奇的注便有所说明,指出以马乳为酒,撞挏乃成。此"挏"音动,当撞击解释,其大意为撞击马奶,促使它加速发酵,借以酿制成酒。汉代以后,文献里的记载不少,也愈加详备,现举其重要者,大致叙述如下:

南宋进士彭大雅,在担任朝请郎一职时,于宋理宗绍定五年(1232)奉命出使蒙古,回国后即依其所见所闻,撰写《黑鞑事略》一卷,书中记述蒙古人制作马奶酒的过程为:"其军粮,羊与挏(音儿,捻挤)马。马之初乳,日则听其驹(少壮的马)之食,夜则聚之以挏,贮以革器,倾挏数宿,微酸,始可饮，谓之马奶子。"为此书作疏证的同时代人徐霆，也曾出使蒙古，他以亲见亲闻写道："尝见其日中沛马奶矣。……沛之之法，先令驹子嗫教乳路来，即赶了驹子，人即用手沛下皮桶中，却又倾入皮袋撞之，寻常人只数宿便饮。初到金帐，鞑主饮以马奶，色清而味甜，与寻常色白而浊、味酸而膻者大不同，名曰黑马奶，盖清黑。问之则云，此实撞之七八日，撞多则气清，清则不膻。"看来想要使马奶酒好喝，只要多撞几次就对了。

另，13世纪时，先于马可·波罗来元帝国的传教士卢不鲁克，在归国之后，写就《卢不鲁克行纪》一书，书中载有马奶酒的酿制之法——忽迷思为蒙古人及亚洲游牧民族习用之饮料。制造之法如下：用马革制一有管之器，洗净，盛新鲜马乳于其中，微掺酸牛乳，以杖大搅之，使发酵中止。凡来访之宾客，入帐时必搅数下，如是制作之马湩，三四日后可饮。

此外，清穆宗同治年间（1862—1874），曾担任提督张曜幕僚的萧雄，随大军到新疆，并一住十多年，熟悉当地风土人情。他所见的马奶酒制作过程乃"以乳盛皮袋中，手揉良久，伏于热处，逾夜即成"。由于手揉比棒击更简易方便，所以当下的北方游牧民族，现已全用此法。

不过，北宋末年以蒸馏法提取烧酒的技术传到大漠后，对马奶酒的酿制过程，产生了革命性的变化。明人沈节甫在《纪录汇编·译语》中便云："如中国烧酒法，得酒味极香洌。"当今一些大规模牧区，其以蒸馏法酿制马奶酒的过程如下：

在夏季马奶大量出产时，把马奶或脱脂马奶倒入容器中密封，使它自行发酵[1]，且从第二天起，每到早晚，即各加一次原先容量的一半入容器中，并随即搅拌均匀，再密封好。如此经过五天便会产生泡沫，表示发酵成熟。及时将它倒进蒸馏锅进行蒸馏。蒸锅上置一大木桶，桶内上端吊挂一承接马奶酒的容器，木桶上另放置一口大铁锅，锅中注满冷水（必须经常换冷水）。用干的牛马粪为燃料，在灶里升火，以慢火煮沸，务使酒精等成分随着水蒸气一并蒸发，上升至铁锅底，遇冷即凝结成酒液，慢慢滴入吊挂的容器里，即成马奶酒。

基本上，用这种方法酿制的马奶酒，"酒味极香"，含酒精度较高，比起"味极薄""千盅不醉人"的古法来，尤让人"饮少辄醉"。

蒙古人视马奶酒为圣洁之物，自古以来，凡遇隆重的祭典或盛大的节日，都少不得它。比方说，《元史·志第二十五·祭祀三》即记载着："其祖宗祭享之礼，割牲、奠马

1　此温度不得超过二十五摄氏度，否则容易酸败。

湩，以蒙古巫祝致辞，盖国俗也。"且"凡大祭祀，尤贵马湩。将有事，敕太仆寺捅马官，奉尚饮者革囊盛送焉"。由此观之，用马奶酒祭奠祖先神灵及令捅马官替参加祭祀的大臣斟上马奶酒，足见它的地位，绝对非比等闲。而此一礼俗在今日的蒙古国仍然保存。1990 年 9 月 4 日，彭萨勒玛·奥其尔巴特在就任蒙古国首任总统的宣誓会上，他身着蒙古武士服，举杯饮尽马奶酒，即宣布保证迅速进行利伯维尔场改革。中国的一些牧区，至今尚传承着举办"马奶节"的习俗。

贵客临门的款待美饮

而今蒙古族、哈萨克族等游牧民族，依旧把马奶酒当作甘美的饮料，每当盛产马奶的夏、秋季节，牧民无不自酿马奶酒，凡是贵客临门，必定用此款待。好饮此酒的人，对它推崇备至，像元人许有壬的《马酒》诗即云："味似融甘露，香疑酿醴泉，新醅撞湩白，绝品抱清玄……"另，马可·波罗亦对马奶酒评价甚高，在其游记里亦说："鞑靼人饮酸马乳，其色类白葡萄酒，而其味佳，其名曰忽迷思。"

清代名医王士雄对马奶的评价极高，称其"甘凉，功同牛乳，而性凉不腻，故补血润燥之外，善清胆、胃之热，疗咽喉、口齿诸病，利头、目，止消渴，专治青腿、牙疳"，而且"白马者尤胜"。又，《泉州本草》一书亦谓："马乳治骨蒸、劳热、消瘦。"可见多饮马乳，必对身体有益。那么，以马奶酿成的马奶酒，其营养价值及疗效又是如何呢？

事实上，马奶酒含有丰富的维生素C，除供作饮料外，亦可兼作药用。《卢不鲁克行纪》上说："忽迷思可以久存，相传其性滋补，且能治疗疾病……"说了等于没说，还是清代萧雄在《西疆杂述诗》里讲得好，明确指出马奶酒"其性温补，久饮不间，能返少颜"。至少也能常葆青春。现代医学业已证明，马奶酒具有驱寒、活血、舒筋、补肾、消食、健胃等功效。除以上所述外，大夫常用它为患者治疗腰腿痛、胃痛、肺结核、支气管炎和坏血病等症，据说疗效显著，适合经常饮用。

卢不鲁克显然和我一样，不能全然受用马奶酒。尽管它的味道"不尽为人所喜"，但不试怎知好恶？在此奉劝诸君，一旦有机会喝，千万不要轻弃。毕竟它除了可能对味，对身体健康及养颜美容也都有一定帮助，错过才真可惜。

猪事大吉全猪篇

"百菜还是白菜好；诸肉还是猪肉香。"这是成都百年老店"盘飧市"的镇店名联，也是深得我心的一副对子。因为萧崇阳先生所撰的此联，一语道破中国人是爱吃猪肉的，只要逢年过节、亲朋相聚、婚丧嫁娶、摆酒设宴等，全离不开猪肉。难怪袁枚在《随园食单·特牲单》中指出："猪用最多，可称'广大教主'。"整个单元，都在讲它。

中国人养猪的历史极久。据考古发现，在公元前六千至五千年前的河北武安磁山和河南新郑裴李岗两个遗址，均出土有猪的遗骸，是截至目前北方已知最早的家畜遗存址；南方则以广西桂林甑皮岩和浙江余姚河姆渡遗址所发现的最早，应在公元前五千年以前。又，至迟到商代初期，中原已培育出特征稳定的家猪品种。另，据先秦文献记载，猪已列为五畜或六畜、六牲之一，常用作祭品，与羊并称为"少牢"，足见当时猪肉已成为常见的肉食之一，其整只煮食的名馔有炮豚（烧猪肉），为周天子的"八珍"之一；濡豚（整煮小猪）、蒸豚（蒸小猪）等，无不滋鲜味美。

当今全球猪的品种众多，有三百多个，其中，中国即占三分之一，是世界上猪种资源最丰富的国家。关于其特征，有人在归纳后以为："猪，天下畜之，而各有不同。生青、衮、徐、淮（今山东、苏北境内）者耳大，生燕、冀（今河北境内）者皮厚，生梁、雍（今陕西、甘肃境内）者足短，生辽东者头白，生豫州（今河南境内）者味短，生江南者耳小，生岭南者白而极肥。"此论泛泛，研究尚待深入。

全猪考验大吃家本色

一谈到猪的滋味，清人童岳荐的《调鼎集》就明确多了，指证历历。他说："猪肉以本乡[1]出者为最佳。平日所喂米饭，名曰圈猪，易烂而味又美。次之泰兴猪（泰兴位于长江北岸江苏省境内，今属泰州市，出产皮薄肉白的小冬猪，为江苏的名

1　童为安徽徽州人。

种猪），喂养豆饼，易烂而有味。又次江南猪，平日所喂豆饼并饭，煮之虽易烂，却无甚好味。不堪用者杨河猪，名曰西猪，出桃源县（位于湖南省西北部沅江下游），糟坊所喂酒糟，肉硬、皮厚，无油而腥，煨之不烂，无味，其肠杂等有秽气，洗濯不能去。凡酒坊、罗磨坊养者皆如此。更不堪者湖猪，亦名西猪，出山东。平日所吃草根，至晚喂食一次，皮厚而腥，无膘，其大小肠、肝、肺等多秽气，极力洗刮亦不能去。"童先生虽富甲一方，为清代扬州的大盐商之一，但由于当时运输的限制，吃的范围不广，却能道出个所以然来，确实让人钦佩，无愧于大吃家本色，与同时代的袁枚堪称一时瑜亮。

在吃全猪或整猪方面，中国历史上最赫赫有名的，其一为"猪全席"，其二为脍炙人口的烤乳猪或烧金猪。

猪全席以北京的"和顺居"（一名"砂锅居""白肉馆"）烧制的最有名。其菜品以白煮、烧、燎为主。据已故散文家梁实秋的说法，这馆子专卖猪肉和猪身上的一切，可以做出一百二十八道不同菜色的猪全席。他于1921年前后，在好奇心的驱使下前往一试，像五寸碟子盛的红白血肠、双皮、鹿尾[1]、管挺、口条等，都一一尝过，其白肉更不会放过，东西相

1　用猪尾巴做成的甜食。

当不错，生意十分兴隆，但终究以猪为限，格调自然不高云云。其实砂锅居真正出奇制胜的手艺，表现在"小烧"（即制成精致美味的小烧碟）上面。它由猪身上的所有材料，包括猪脑、猪耳、猪蹄、猪尾，以及猪肠、肚、肝、肺等食材，做出各式各样花色不同的菜来，一套二十四件，或三十六件，或四十八件，或六十四件不等，品目繁多，有木樨枣、蜜煎枣、蜜煎海棠、蜜煎红果、大红杏干等名目，同时还有别名，如木樨枣另称"枣签"等，不是专家还叫不全那些名堂。而它们的共同特点则是"以荤托素"，一律甜食。无怪乎梁实秋会说："高雅君子不可不去一尝，但很少人去了还想再去。"然而，砂锅居最拿手的还是名不虚传的"白肉"，关于此点，留待"白肉篇"时，再好好谈谈。

提到烤乳猪时，很多饕客就会眉飞色舞、垂涎三尺，究竟它的妙处何在？且听以下分解。

有人认为烧烤猪的起源，出自《礼记·内则》中的炮豚。其叙述的做法为："取豚若将，刲之刳之，实枣于其腹中，编萑以苴之，涂之以谨涂。炮之，涂皆干，擘之；濯手以摩之，去其皽。为稻粉，糔溲之以为酏，以付豚；煎诸膏，膏必灭之。巨镬汤，以小鼎，芗脯于其中，使其汤毋灭鼎，三日三夜毋绝火。而后调之以醯、醢。"

这段望之似天书的原文，前人笺注此节，每多不可解或误解之处，著名历史小说家高阳曾试为语译，传神能解。云："取猪或公羊，刺喉剖腹；腹中塞满枣子，外用苇草包裹；苇外涂黏土，投入火中。等外涂之土烧干，剥落土块苇草，然后洗手，将猪毛或羊毛像一层膜似的，一大片一大片剥了下来。用米粉调成干糊，涂在肉上，过油；油要多，多到能将肉浸没。以过油的肉，置于鼎中，入大镬隔水炖；水不能过鼎，用文火炖三日三夜。然后加醋、加酱调味。"其过程相当繁复，但颇能保持原味。

由上观之，这款帝王美食，与当下之烧烤猪出入颇大。

比较接近现今烧猪的记载，还是出自南北朝时北魏贾思勰编撰的《齐民要术》一书。此书的炙法有专篇，炙豚即是所收录二十二种燔炙法当中的第一种，其方法为选用乳下豚极肥者，不拘雌雄，整治的方式同煮一般，都是"揩洗、刮削，令极净"。接着"小开腹，去五脏，又净洗"，等这些前置作业处理好后，便在猪腹内塞满茅草根，用柞木贯穿，"缓火遥炙，急转勿住"，使其周匝烤透，如不全部烤到，便有偏焦情形。再用清酒涂其皮数次，然后"取新猪膏极白净者，涂拭勿住"。假使无新猪膏（油），纯净的麻油也可以。其成品的外观极美，"色同琥珀，又类真金"。

接下来，我们再看看袁枚《随园食单》"烧小猪"一节的

记载,从这儿即可看出千年来烤猪的一些改进、转变。其原文为:
"小猪一个,六七斤重者,钳毛去秽,叉上炭火炙之。要四面齐到,
以深黄色为度。皮上慢慢以奶酥油涂之,屡涂屡炙。"虽仅寥
寥数语,但写得很明白。

烤乳猪脆皮诱人

比袁枚略晚的英国作家查尔斯·兰姆(Charles Lamb)曾
撰有《烤猪技艺考原》一文,对其做法的描绘为,"十公斤以下、
尚未断奶的小猪,宰杀,去内脏,以作料腌制,抹糖,上叉置
于炭火上转动烧烤九十分钟左右而成。烤的时候,要不停地转
动,使之受热均匀,同时用小刷子不断涂油于猪身。烧出一身
脆皮的诀窍,还在于先炙乳猪内腔,再烤外皮,唯如此,肉的
油脂方能慢慢渗入表皮",而"更为考究的做法,据说为了防
止耳朵、尾巴烤焦,保持乳猪完整而美好的体形,厨师们在正
式烤以前,还会用菜叶将这些部分包裹好,并在猪腹内塞一个
盛水的瓶子,以免腹腔被烤焦"。

照兰姆的叙述来看,当时烤乳猪的技法,已与 20 世纪初
相去无几。其中最大的差别在于后来的涂油,业已改成用豆腐
乳汁、豆豉汁、柱侯酱、甜面酱或酒、动植物油、麦芽糖、椒

盐、蒜蓉等，里外连涂带搓，让味道深入肌里，只是所用作料忌用酱油，否则肉味带酸，就不中吃啦！至于调味料配置的分量，即使是广州的四大酒家——西关的"西园""文园"，南关的"南园"，长堤的"大三元"，也各有自己的手法、秘不传人的诀窍，让食客争相追捧、蜂拥而至。然而，最令人啧啧称奇的反而是清末官居御史的梁鼎芬家。此公以好啖出名，府里的烤乳猪一味，所用的酱色跟蒜蓉等，有其独得之秘，一向见重于食林。位于黄黎巷的"莫记小馆"，其老板莫友竹本是个风雅人，为了得其绝活，特赠以家藏紫朱八宝印泥一大盒，征得梁老同意，习得这套手艺秘方。从此，"莫记"就以烤乳猪驰名羊城，生意好到不行。

吃烤乳猪，其妙在皮。关于此点，《齐民要术》称其"入口则消，状若凌雪，含浆膏润，特异凡常"，读了就令人心向往之，真是致命的吸引力。而如何辨别好坏，袁枚提出的标准是"食时酥为上，脆次之，硬斯下矣"，倒是一针见血，指出关键所在。已故美食家唐鲁孙曾尝过习得梁家秘方的蒯若木家的庖人大庚所烤的乳猪，据云："入口一嚼，酥脆如同吃炸虾片。"听起来确是一绝。

不过，形容烤乳猪片滋味最鞭辟入里的，我认为还是查尔斯·兰姆，他对这层金黄酥脆之皮的着墨为："我始终相信，天底下再也没有哪种美味比得上在烤工极佳、火候绝妙的高超技艺下精制出的那种一嚼即碎、稍抿便化、香酥爽利、棕黄娇嫩的乳猪脆皮儿。而这脆皮儿一语再无其他的词可以代替——它不由得你不想去咬咬那层酥软筋道的娇嫩薄壳，以便去尽情享受那里面的全部美好内容——那凝脂般的膏状黏质——脂肪一词太亏了它——而是一种近乎于它的难以名状的温馨的品类——它乃是油脂的花朵——在它的蓓蕾初期才采撷到——在它的抽芽之际便摄取来——在它的天真无邪的阶段就……是肥与瘦、脂与肉的罕有的美妙结合，这时两者早已交融一道，密不可分，因而化为玉露琼浆一般的超凡逸品。"此篇纵使是游戏文章，但其诗一般的语言，毫不吝惜的大量辞藻，无不使人印象深刻，遂使正宗的粤式烧乳猪，名播五湖四海。

正统的粤式烧猪，向有"明炉乳猪，暗炉金猪"之称。乳猪通常是明炉烧的，由师傅拿着叉子，插紧乳猪，在类似烧烤炉的柴火上烧炙，常吸引顾客观看。但烧金猪就不同了，此猪为中猪，少说有三五十公斤重，无法叉着烧，于是挂在一个类似窑的焗炉里烧，不管炉里的火如何猛烈，一般人无法一观究竟，此乃"暗炉"。且不管是用明炉烤抑或用暗炉烤，为了使它好看，一些师傅除了起红增色外，还会加上些特制酱料，务使烧猪看起来遍体通红、金光闪闪，特称"发财金猪"，人见人爱。

此外，广东的烧猪依皮相之不同，可分成"麻皮"派和"光皮"派。"麻皮乳猪"又称"化皮乳猪"，其特点是烧时火旺，并不断涂油及独门酱料，同时不断用针锥打皮面，利用油爆出来的气泡疏松乳猪表皮，最后形成芝麻般均匀密布的气泡，色呈金黄，俗称"芝麻皮"，口感较为酥脆，有"入口即化"的美誉。"光皮乳猪"在制作方面，虽少了锥针及涂油等工序，却胜在外表一派大红大紫，流光溢彩，纯论卖相，较"麻皮"为佳。二者的吃法亦有差别。前者连薄皮下的嫩肉一起登盘荐餐，夹以千层饼，配海鲜酱、酸咸菜、白糖或葱花、红椒丝食之；后者则只片其薄脆之皮，蘸甜面酱或梅酱而食。其食味万千，究竟嗜何种口味，视个人而定。

片乳猪也是有诀窍的，非庸手所能为。目前精致片法为去掉捆扎物后，从耳背后和臀部各横划一刀，两刀须长短一致，接着从横切刀口两端由前到后各直划一刀，使先形成一张长方形的皮，再将长方形的皮顺划三刀，使之成为四个等份的长条形，然后逐条片下，每条横切八片。总共是三十二片，照其原形覆盖在猪肉上，去掉铁叉，以全猪第一次上席，供客人先食猪皮，并依前述"麻皮""光皮"的蘸料为佐。客人食罢猪皮后，大厨取回猪体，切出猪耳、尾，把猪舌切作两半，前、后腿的下节各剁下一只，每只劈成两半，铲出猪头皮和腮肉，切成片状；腹肉切块状，其大小与片出的猪皮同，猪肾另切作薄片，再拼成猪形，供第二次上席。

徐珂在《清稗类钞·饮食类》中载有"烧烤宴"。此一满汉混合大席，席中除了有燕窝、鱼翅，"必用烧猪、烧方（烤中猪大块肉，亦称炉肉），皆以全体烧之。酒三巡，则进烧猪，膳夫、仆人皆衣礼服而入。膳夫奉以侍，仆人解所佩之小刀脔割之，盛于器，屈一膝，献首座之专客。专客起箸，箕座者始从而尝之，典至隆也"。事实上，烧烤菜肴在清宫中，专供下酒。每当宫廷宴会时，多用挂炉猪、挂炉鸭，制成后片之上席，称为"片盘二品"。康熙、雍正之世，猪、鸭常并用，但以猪为多。到了乾隆时，因他特爱吃挂炉鸭子，烧鸭曾盛极一时，但烧猪仍占有一席之地。宫廷如此，官府及民间亦然，只是民间等闲不易吃到此一美味。

另，据许衡《粤菜存真》所记广州、四川两个版本的满汉全席膳单，均有烧乳猪出现。在广州版的膳单中，烧乳猪列第二度之"热荤"，列于红扒大裙翅、翡翠珊瑚及口蘑鸡腰之后，为压轴之大菜；而四川版的膳单中，烧乳猪称为"叉烧奶猪"，列"四红"（即叉烧奶猪、叉烧宣腿、烤大田鸡、叉烤大鱼）之首。在各名厨、餐馆精制之粲然大备的满汉全席中，烧乳猪或烧全猪均是不可或缺的要角，其在中国饮食史上地位之重要，由此即可见一斑。

烧乳猪彻底走入平民化，应以20世纪20年代的"西施酒楼"为滥觞。原来位于广州市西关十八甫处，有一家"真光百货公司"，它对面的这家"西施"，占地不大，属中小规模的酒楼，老板处此"食在广州"时代，面临恶性竞争，大叹生意难做，唯有努力求变，于是推陈出新，以片皮乳猪作为号召，希冀大发利市。

他特意在店门口置一长方形铁火炉，请两名烧腊师傅当街提个大叉烧乳猪，即烧即片，随即上桌，而且可以外带。这热辣辣、亮澄澄、香喷喷的街头美味，看得路人津液汩汩自两嘴角出，不嫌其贵，纷纷解囊，一膏馋吻，遂一下子门庭若市。别家酒楼见状，无不陆续抢进，此菜从此"飞入寻常百姓家"，红火至今未歇。也与烤鸭一样，成为大众吃食。

烤乳猪自成为台、港、澳等地的粤菜馆及港式餐厅首席名菜后，食客络绎不绝，加上华侨在东南亚分枝散叶，此菜到了彼域，在酒筵中保留古风，往往整只上桌，眼中有时还镶嵌着两只小灯泡，一闪一亮，煞是好看。我曾在泰国曼谷的"珠江大酒楼"享用过此一尤物，但见十斤不到的猪仔上桌时，全身红通通、油汪汪，闻起来香喷喷，不禁胃口大开。马上送进嘴里，皮酥肉嫩，香脆无比，再加上满桌的调味料，果然滋味超棒，独自而食其半，至今回想起来，仍是其味津津。

台湾早年的粤菜馆，擅烤乳猪的甚多，如"皇上皇""安乐园""龙华楼"等皆有妙品，今已不复存在。而今仍在经营的，如"古记""龙都酒楼"等，滋味亦逊已往，令我废箸而叹。然则，唐鲁孙所谓的烤乳猪"皮则汁色若金，迸焦酥脆；肉则肥荇味美，燔炙增香"，看来只能徒托远想，聊忆往怀罢了。

值得一提的是，台湾无论冬夏，空气湿度均高，烤乳猪出炉后，挂在烧腊架上，只要超过个把钟头，皮一吸湿，吃到口中，炙香尽失，不是味儿，尤以雨雾之日为甚。我一向认为阴雨天不食烤乳猪，即是秉持着孔老夫子"不时不食"的宗旨，价格不菲倒在其次，硬韧无比，失望透顶，那才糟糕。

猪事大吉猪头篇

　　提到"猪头"，难免带贬义，指的就是个笨。不过，在明、清之时，有些酸文人却别有所指，其意为"俏冤家"。且不管它具何意义，其可爱的模样，却风靡了不少爱猪人士，纷纷收集典藏，尤其猪年期间，更是势不可当。

　　言归正传，猪头最可贵之处，还在于它那非凡的滋味。早在三代之时，宫廷食猪之法，有炮豚、豕炙、蒸豚等，猪头那一部分，恐怕分而食之，也上不得台面。直到魏晋南北朝，猪头始有独立地位，成为单一美食。当时的做法为蒸，北魏太守贾思勰的《齐民要术》一书，便收录有"蒸猪头"一味，其制法为："取生猪头，去其骨，煮一沸，刀细切，水中治之。以清酒、盐、肉（疑为"豉"）蒸。皆口调和。熟，以干姜椒着上，食之。"这种生料先出骨、焯水治净、加调味品蒸成的烹调工序，实为后世各种烧猪头法的先驱，即使时至今日，仍是如此制作。

蒸猪头，色香味俱全

北宋之初，出现了一则蒸猪头趣闻，挺有意思，此载于彭乘的《墨客挥犀》中，苏轼的《东坡志林》亦有同样记载。

话说节度使王全斌在平定盘踞四川的后蜀后，为了追捕余寇，与主力部队渐行渐远，竟至失去联系，落单只剩自己。由于作战良久，人困马疲腹饥，误闯入村寺中，望见一和尚喝醉了酒，蹲坐地上，对他视而不见，根本不理不睬。他实在气不过，准备一刀杀了。但此僧应对时，非但不卑不亢，而且全无惧色。全斌暗暗称奇，便饶和尚一命，接着问可有饭菜充饥。和尚回说有肉无菜。全斌更奇。等到吃了和尚蒸的猪头肉，觉得人间美味，也不过如此。待饱餐一顿后，他便与和尚攀谈，问道："和尚，你只有喝酒吃肉的本事吗？"和尚回道："才不呢！我还会作诗。"王全斌便以"蒸猪"为题，要他写来看看。和尚文思敏捷，运笔立挥即成，诗云："嘴长毛短浅含膘，久住山中食药苗。蒸处已将蕉叶裹，熟时兼用杏浆浇。红鲜雅称金盘钉，软熟真堪玉箸挑。若把膻根来比并，膻根只合吃藤条。"全斌大喜，赐他紫衣师号。

也就是说，这种以蕉叶裹蒸、外号"金盘钉"的猪头肉，鲜红悦目，软熟柔糯，色香味俱全，真是好吃得不得了。即使像膻根（即羊肉）那样的美味，跟它比起来，就像啃藤条般乏味。此诗虽对猪头肉之美味推崇备至，但绝非溢美之词。毕竟环肥燕瘦，各有所爱，只要对味，各自表述，不亦宜哉！

元代烧猪头的方式开始变化，吃法也多样化。其一为太医忽思慧《饮膳正要》中所载的"猪头姜豉"，其法为："猪头二个，洗净切成块。陈皮二钱，去白。良姜二钱、小椒二钱、官桂二钱、草果五个、小油一斤、蜜半斤，右件（指上件），一同熬成，次下芥末炒，葱、醋、盐调和。"其烧法已是近世雏形。只是其名姜豉，但调配料却无豆豉，宁非怪事一桩？

其二为倪瓒在《云林堂饮食制度集》中收录的"川猪头"，后人演绎出的烧法是：整猪头一个，不剖开，先用紫草熏，刮去泥垢，洗净，放入大锅内，加滚水煮一沸，然后去水，再煮，如此反复多次；取出猪头，去颅骨，其余切作薄片；把葱白、韭菜洗净，切作长段，笋干、茭白切丝，花椒、杏仁、芝麻、盐拌匀，与猪头肉片掺和均匀，放大盆上，洒上酒，蒸约一刻钟，上桌即可食。由上观之，其做法比起《齐民要术》中的蒸猪头，做工细致，更进一步。且用"手饼卷食"，实将吃口酥烂肥嫩、奇香扑鼻、老少咸宜的妙处，发挥到了极点。

明代时，仍有"川猪头"这道菜，只是手法完全不同。高濂《饮馔服食笺》称此为："猪头先以水煮熟，切作条子，用砂糖、花椒、砂仁、酱拌匀，重汤蒸顿（即炖）。煮烂剔骨，扎缚作一块，大石压实，作膏糟食。"由于此馔经过酒糟腌制，香味醇正，加上口味浓厚，其肉酥烂，汤卤黏稠，乃上乘佐酒佳品，冬季围炉小酌，允为无上妙品。

另，明代有一烧猪头之法甚奇，出自说部。原来"天下第一奇书"《金瓶梅》第二十三回即写宋蕙莲烧猪头的绝活，描述细腻写实，实与《红楼梦》里的"茄鲞"一味，先后辉映，读罢，令人不觉食指大动，涎垂三尺。该回写着："金莲道：'咱们赌五钱银子东道，三钱买金华酒儿，那二钱买个猪头来，教来旺媳妇子烧猪头咱们吃。说他会烧的好猪头，只用一根柴禾儿，烧的稀烂。'……不一时，来兴儿买了酒和猪首，送到厨下。……蕙莲笑道：'五娘怎么就知我会烧猪头，栽派与我！'于是走到大厨灶里，舀了一锅水，把那猪首、蹄子剃刷干净，只用的一根长柴禾，安在灶内，用一大碗油酱，并茴香、大料，拌的停当，上下锡古子扣定。哪消一个时辰，把个猪头烧的皮脱肉化，香喷喷五味俱全。将大冰盘盛了，连姜、蒜碟儿，用方盒拿到前边李瓶儿房里。"

至于众人吃相如何，书中未交代，但看到那"香喷喷五味俱全"几个字，想必和书中第十二回"人人动嘴，个个低头。遮天映日，犹如蝗蚋一齐来；挤眼掇肩，好似饿牢才打出。……吃片时，杯盘狼藉；啖顷刻，箸子纵横。这个称为食王元帅，那个号作净盘将军。酒壶翻洒又重斟，盘馔已无还去探"所拈出的动人画面，相去几希。

书中的"一根柴禾儿"，当然是独门绝活。清初大学者朱彝尊《食宪鸿秘》中，其"蒸猪头"一味[1]，用的是蒸法，与宋蕙莲烧法有别。然而，炊料倒很接近，只是一根劈柴。其原文为："猪头去五臊、治极净，去骨。每一斤用酒五两、酱油一两六钱、飞盐二钱，葱、椒、桂皮量加。先用瓦片磨光如冰纹，凑满锅内。然后下肉，令肉不近铁。绵纸密封锅口，干则拖水。烧用独柴缓火（瓦片先用肉汤煮过，用之愈久愈妙）。"文中的独柴缓火，诚为其精要所在。

而将柴火之妙描绘得淋漓尽致的，首推已故大吃家唐鲁孙《宰年猪》一文。他指出："当年上海阜丰面粉厂厨房有一位老师傅，大家都叫他'一根草'，是象山[2]人，据说他能用一根稻草，一根接一根地把一只猪头烧得味醇质烂，入口即融。"为了详

1　与《调鼎集》所载有相通处。

2　在浙江省境内。

道其中妙处，他更举出北京名武生吴彦衡喜欢吃烧得稀烂的猪头肉，有一年在上海吃到"一根草"大显身手的妙品，可谓有幸。

而那猪头肉"红肌多脂，肉嫩味厚，因为炖得糜烂，已不具猪头形态，所以不忌浓肥的客人，无不饱啖一番，人人称快"。据那位老师傅说："只要调味料用得得当，火力平均，慢工细火自然炖出来好吃……肉头松软，肥而不腻。"它能博得全桌举箸怡然，自在情理之中。

清代因为各种烹调手法粲然大备，烧这猪头嘛，当然繁复多样，蔚成大观。扬州由于商贾云集，其吃法之多元，令人叹为观止，别的且不谈它，光是童岳荐《调鼎集》内所记载的，就有十四种之多，且煨猪头有二法，蒸猪头有三法。难怪而今在扬州，扒烧整猪头仍是一等一的佳肴，它与清炖蟹粉狮子头和拆烩鲢鱼头齐名，为当地"三头宴"中不可或缺的要角。

尽管有人认为《调鼎集》中的"锅烧猪头"，乃宋蕙莲烧法的延伸，但我个人以为《调鼎集》中的"煨猪头"（即袁枚《随园食单·特牲单》中的"猪头二法"，烧法相同，仅文字略有出入）反而更为接近。其原文云："治净五斤重者，用甜酒三斤；七八斤重者，用甜酒五斤。先将猪头下锅同酒煮，下葱三十根、八角三钱，煮二百余滚，下酱、酒一大杯，糖一两，候熟后试尝咸淡，再将酱油加减，添开水要浮过猪头一寸，上压重物，大火烧一炷香（即燃烧一炷香时间），退出大火，用文火细煨收干，以腻为度，即开锅盖，迟则走油。又，打木桶一个，中用铜帘（帘为用竹编成的帏箔，作障蔽之用；铜帘乃铜制成的帏箔，类似今日之笯篱）隔，将猪头洗净，加作料焖入桶中，用文、武火隔汤蒸之，猪头熟烂，而其腻垢悉从桶外流出，亦妙。"

而与袁、童二人同时期的扬州人江郑堂，便以"十样猪头"闻名。清人李斗所撰的《扬州画舫录》中，还将他与吴一山炒豆腐、田雁门走炸鸡、汪南溪拌鲟鳇、施胖子梨丝炒肉、张四回子全羊、汪银山没骨鱼、江文密车螯饼、管大骨董汤、鳖鱼糊涂、孔讱庵螃蟹面、文思和尚豆腐、小山和尚马鞍乔并称，推崇其"风味皆臻绝胜"。

江郑堂的"十样猪头"究竟如何好法，李斗仅一语带过，反倒是徐珂编撰的《清稗类钞》中，录"法海寺精治肴馔"一节，盛赞该寺所制"焖猪头，尤有特色，味绝浓厚，清洁无比，惟必须（预）定。焖熟，以整者上，攫以箸，肉已融化，随箸而上"，只是想尝此滋味者，必须"于全席资费之外，别酬以银币四圆"。曾经尝过这焖猪头的李淡吾先生，第二年还跟友人林重夫说："齿颊尚留香。"其滋味极美，由此即可见一斑。清人另有《望江南》一词可资佐证。词云："扬州好，法海寺间游。湖上虚堂开对岸，水边团塔映中流，留客烂猪头。"佛寺而能精荤馔，尤觉不可思议也。

又，据唐鲁孙称："清末民初，扬州法海寺以冰糖煨猪头驰名扬镇，若干善信来寺礼佛，无不饱啖猪头而回。其实法海寺猪头，都出自三挡子（一船老板之名）之手，启东（唐家旧仆，三挡子外孙）从小寄居外家，所以尽得其秘。"

唐老有次在江苏泰县就尝到割烹高手启东亲烹的猪头，描述细腻，入木三分。云："猪最好是选'奔叉'靠近姜堰农家饲养的猪，……猪头皱纹特别少，而且皮细肉嫩，是做猪头肉的上选，猪龄以将过周岁的幼猪最适当。猪头买回来，先用碱水刷洗，将猪毛拔净，切成四或六块，用浓姜大火猛煮，等水滚之后，将猪头夹出，用冷水清洗，换水再煮，反复六七次。此时猪头已经熟烂，将猪头的骨骼一一拆除，整块放入砂钵里。一个猪头最好分为两钵，钵底铺上干贝、淡菜、豌豆苗、冬笋切滚刀块，然后将猪头肉皮上肉下放在上面；另放入纱布袋装桂皮、八角，上好生抽、绍兴酒、生姜、葱段，加水，以盖过皮肉为度。盖子盖严，用湿手巾围好，不令走气。用炭基文火煨四五小时，掀盖，将冰糖屑撒在肉皮上，再煨一小时，掀盖取去纱布袋上桌。此刻猪皮明如殷红琥珀，筷子一拨已嫩如豆腐，其肉酥而不腻，其皮烂而不糜，盖肉中油脂已从历次换水时出脱矣。"观此，应与袁枚在其弟香亭家"食而甘之"的焖猪头相近，其醇厚腴润，能使人有大快朵颐之乐。

猪头肉是主角也是美味配角

以上所谈的是整猪头。只是现代人胃纳不大，仅食其半的"扒猪脸"，遂在北京应运而生。此菜为"金三元"的镇店之宝，由店主沈青创制。他本来是搞节能环保型锅炉的，曾得过奖。后来无心插柳，另玩出个名堂。许多饕客闻风而至，即使连吃个十次八次，仍乐此不疲。做法近于扬州扒烧，其过人之处，首在从猪头选取、原料加工，到调料配置、烹制温度和时间，每道环节都讲求数据，故无论什么时候去吃，都不会走样儿。其能红火至今，绝非侥幸。

此外，散文名家周作人在《知堂谈吃》提及他"小时候（指在绍兴时）在摊上用几个钱买猪头肉，白切薄片，放在干荷叶上，微微撒点盐，空口吃也好，夹在烧饼里最是相宜"，同时其味道还"胜过北方的酱肘子"。其实，此法亦有所本。《调鼎集》内的"派猪头"项下，便说："煮极烂，入凉水浸。又，煮不加作料，批片，蘸椒盐。"且咸丰年间，浙江钱塘大东门的猪头肉甚有名气，施鸿保《乡味杂咏》有诗赞曰："大东门切蔡猪头，荷叶摊包不漏油。带得褚堂火烧饼，晚风觅醉酒家楼。"施另介绍说："猪头以红曲烂煮，切卖，大东门蔡家最有名。"由于蔡家的猪头肉另加红曲，故其色红通通的，比起不加作料的白切来，应有一层更深奥的风味，蕴藉有韵致，乃下酒极品。

基本上，猪头肉不仅配手饼及火烧而已，它还可以搭配馒头及裹粥裹饭。只是前二者源于南方，后二者反而是北地吃法，滋味上当然有其独到之处。

周作人谓他吃过一回最好的猪头肉，"却是在一个朋友家里。他是山东清河县人氏，善于作词……有一年他依照乡风，在新年制办馒头猪头肉请客……猪头有红白两样做法，甘美无可比喻"。事后他回忆起这档子往事，"虽然说来有点寒碜，那个味道我实在忘记不了"，印象居然如此之深，其味绝非凡品能及。

另一散文名家邓云乡亦云："我们乡间在北方山区……把猪头洗净加大葱一枚，煮烂，把骨头去净，把小缸洗净，把稀烂的肉一层层放在缸中，上压圆木盖，盖上再用一块石板压紧，北方天冷，一夜之后，肉汁从板周围溢出，凝成琥珀色透明的冻子，把肉翻出来，成为一个五花的圆形肉坨。这样把板下的肉和板上的冻子分开。冻子切上骨牌片，淋上麻油、酱油、姜末上盘。下面的肉也先一破四大块，然后用快刀竖切飞薄的大片，有透明感，花纹红白黄灿然成彩，又不规则，杂堆盘中，也淋上麻油、酱油、酸醋，吃口烂而又有韧性，又香又爽，下酒最好，也可裹粥裹饭。"其滋味当然挺好。然经比对后，似与《调鼎集》中的"醉猪头"有异曲同工之妙。只是后者在下锅煮时，须"每肉一斤，花椒、茴香末各五分、细葱白二钱、盐四钱、酱少许拌肉入锅，文武火煮。俟熟以粗白布作袋，将肉装入扎好。上下以净板夹着，用石压三二日"，而把肉切为寸厚大牙牌块后，则"与酒浆间铺，旬日即美绝伦。用陈糟更好"。其繁复细致，固毋庸多说，必远在山区土法之上。

邓云乡曾说："好吃的东西，并不是稀奇的东西、珍贵的东西。普通东西，做得好，也照样好吃。"这话反映在川菜的豆渣猪头上，名副其实。早在清代时，已有厨师将此一做豆腐剩下来的豆粕[1]来炒菜，并美其名为"雪花菜"。它原是贱物，但与不登大雅的猪头肉一结合，却"起死回生"，成了另类美味。猪头软糯，豆渣酥爽，色泽棕红光亮，味道浓郁鲜香。只是菜里头另添干贝、火腿、油鸡、口蘑等配料，虽有点喧宾夺主的味道，却不会让豆渣聊备一格而已。

当下常吃的红烧猪头肉、卤猪头肉或煮猪头肉，纵已胹切数块，或天花（即猪脑盖并上腭），或鼎鼻（即猪鼻），或雀舌

1　北方人管它叫豆腐渣，一般充作猪饲料。

（即猪舌），或前腮（即猪腮颌），或猪耳，或嘴叉（即猪嘴叉子）等，点食之后，再予细切，加麻油及葱花，即可食用。只要火候拿捏得宜，自然酥烂腴软，十分可口。但总觉得少了点味儿，有其成长空间。

待读罢《调鼎集》后，终于恍然大悟。原来猪头在红烧前，先"切块，治净，用布拭干，不经水，不用盐，悬当风处"，并于"春日煮用"。经风吹透，脆中带嫩，更有吃头儿。此外，还得加料。其"煮猪头"一节云："治净猪首切大块，每肉一斤，椒末二分，盐、酱各二钱，将肉拌匀。每肉二斤，用酒一斤，瓷盆盖密煮之（眉公制法[1]）。又，向熏腊店买熟猪头（红白皆有，整个、半边听用），复入锅加酱油、黄酒，熟透为度。"此味将生鲜与熏腊者同煮，其意如同金（火腿）银（鲜腿）蹄，有味外之味，实难能可贵。

在《调鼎集》内，烧猪头之法虽多，却没有炙或熏的。关于炙的，《清稗类钞》云："杭州市中有九熏摊，物凡九，皆炙品，以猪头肉为最佳。道光时，大东门有绰号蔡猪头者，所售尤美。……（姚）思寿为作诗云：'长鬣大耳肥含膘，嫩荷叶

---

1 眉公为明代陈继儒之号，生前名动公卿，以眉公饼而为世所称，此饼堪与东坡肉齐名。

破青青包。市脯不食戒不牢，出其东门凡几遭。下蔡群迷快饮酒，大嚼屠门开笑口。鹅生四掌鳖两裙，我愿亥真有二首。'"按："但愿鹅生四掌，鳖生两裙"，乃宋代谦光和尚的饮食名言，这位姚老哥的愿望居然是猪生两头，可见他对"蔡猪头"所炙的猪头肉，心向往之，倾慕不已。

我那乃名媛且是妙手厨娘的女弟子何丽玲，当她主政"春天酒店"时，有次同我谈起割烹之道及味美之物，均认为熏猪头皮为第一。她笑谓自己做得不错，哪天要请我指教云云。原以为只是句玩笑话，不料有次在新北投"三二行馆"用餐时，她馈以整只亲炙之熏猪头，硕大无朋，红光透亮，熏香四溢，待携回家中，放冰箱冷藏，慢慢地受用。或直接切食，或配麻油、葱花，或蘸细盐，皆有可观之处。下啤酒固然甚宜，就白干更是美妙，如此过了个把月，才把它完全食尽。此后年余，思之前事，犹觉味道极美，诚"津津有余味"。

猪事大吉白肉篇

　　我喜欢吃白肉，不论是白煮、白灼、白片或做成火锅，无一不爱。虽然白肉又称白煮肉、白片肉、白切肉等，但煮是烹调的方式，切或片则是成菜的过程。唯这款白水煮的猪肉，看似简单，其实很考究，演进的历史更充满着传奇。

　　关于白肉，宋代即有记载。像孟元老的《东京梦华录》、耐得翁的《都城纪胜》，皆有"白肉"售于市肆餐馆的描述。到了明代，刘若愚所撰的《酌中志·饮食好尚纪略》亦有明宫廷每年四月"是月也，尝樱桃，以为此岁诸果新味之始。吃笋鸡，吃白煮猪肉，以为'冬不白煮，夏不爊（即熬）'也……"之记载。可见宋、明两代，从宫廷到民间，均食白煮猪肉。尽管如此，若溯其本源，它应是由满族人的祖先传入中土，等到满人入主中原，遂大行于世。其吃法亦因民族融合及南北会串

149

而呈现出多元化，精彩万分。

满人白煮跳神肉

满族曾信奉萨满教，萨满又名萨麻、珊蛮，其意为具有超自然能力、能和灵界沟通的巫人。其信仰属于某一原始的多神崇拜。而萨满此一通神之人，其降神作法的仪式，乃一种进入催眠状态，起初喋喋不休地传达神谕，进而代神说话的跳神仪式。当祭神祭天进行跳神时，必宰猪以祭祀，故此一白煮猪肉，又叫"跳神肉"。

等到满洲人入关，仍以北京为首都。清宫一如明宫，有增损，无改措；唯一的例外是坤宁宫，明朝的皇帝住乾清宫，皇后住坤宁宫。清宫则除大婚以坤宁宫为洞房外，皇后平时都住养心殿后轩。然而，坤宁宫的规制，与前明大不相同，而是照着清太祖天命年间盛京清宁宫的式样重建，目的是保存先人"祭必于内寝"的遗风。其正殿不但是厨房，同时也是宰牲口的所在。其形式一进门便是一张包铁皮的大木案，地上铺着承受血污的油布，桌后就是一个称为"坎"的长方形深坑，坑中砌着大灶，灶上有两口极大的锅子，每口锅皆可整煮一头猪，锅中的汤汁，自砌灶以来，直到末代皇帝溥仪被逐出宫止，一直未曾换过，始终保持着原汁原味。

坤宁宫在俎案锅灶以外，神龛就设在殿西与殿北两面，殿西的神龛悬黄幔，供奉关圣帝君，享受朝祭；殿北的神龛悬青幔，供奉"穆里罕"（即克木土罕，赫哲族之萨满），享受夕祭。

每年的大祭（二月初一日），均由皇帝亲临主持。乾隆年间，皇帝必坐在炕床上，自举鼓板，高唱《访贤》一曲，从未中断。如按照祖宗规矩，不论每日朝祭、夕祭，帝、后都须亲临行礼，只是日子一久，早已成了虚文。日祭改由太监虚应故事。其职事太监分为司香、司俎、司祝。此外，紫禁城的东华门，午夜一过子正，即启城门。不管晴雨寒暑，门外早有一辆青布围得极严的骡车候着，等门一开，即到坤宁宫前，卸下两头猪来，经过一番仪式，随即杀猪拔毛，待洗剥干净后，放入那两口老汤铁锅内，纯用白水煮，不下香料及盐，煮熟了再祭神。

而大祭时，典礼极为隆重繁复，先由司俎太监等舁猪入门，置炕沿下，猪首西向。司俎屈一膝跪，按着猪头，司祝灌酒于猪耳内，宰猪之后，去其皮，按部位肢解，煮于大锅内。皇帝、皇后行礼叩头毕，撤下祭肉，不令出户，盛于盘内，置长桌前，按次陈列。帝、后受胙（祭祀肉），即率领王公大臣食肉。这种祭祀过后的肉叫"福肉"或"福胙"。此外，在新年朝贺时，皇上亦赐廷臣吃猪肉，其肉亦不杂他味，煮极烂，切为大脔。

臣下拜受，礼甚隆重。诸君或许会问，平日祭祀的肉，都到哪儿去了？原来这些"福肉"，照例归散秩大臣及乾清门的侍卫享用。以上所言，乃天家食白肉的规矩。

至于满洲贵族或显赫人家，他们吃白肉的方式，凡有大祭祀或喜庆，则设食肉之会。据《清朝野史大观·满人吃肉大典》记载："无论识与不识，若明其礼节者即可往，初不发简（信函）延请也。至期，院中建芦席棚，高过于屋，如人家喜棚然，遍地铺席，席上又铺红毡，毡上又设坐垫无数。客至，席地盘膝坐垫上，或十人一围，或八九人一围。坐定，庖人则以肉一方约十斤，置二尺径（即直径二尺）铜盘中献之。更一大铜碗，满盛肉汁，碗中一大铜勺，每人座前又人各一小铜盘，径八九寸者，亦无醯（醋）、酱之属。酒则高粱，倾于大瓷碗中，各人捧碗呷之，以次轮饮。客亦备酱煮高丽纸、解手刀等，自片自食，食愈多则主人愈乐，若连声高呼添肉，则主人必再三致敬，称谢不已。若并一盘不能竟，则主人不顾也。……肉皆白煮，例不准加盐、酱，甚嫩美。善片者，能以小刀割如掌如纸之大片，兼肥瘦而有之。满人之量大者，人能至十斤也。……主人并不陪食，但巡视各座所食之多寡而已。其仪注，则主客皆须衣冠。客入门，则向主人半跪道喜毕，即转身随意入座。主人不安座也。食毕即行，不准谢，不准拭口，谓此乃享神馂余，不谢也，拭口则不敬神矣。"

其所述十分详尽，但解手刀及高丽纸究系何物，却无从理解。历史小说家高阳倒是讲得很详尽。他指出："解手刀，大致为木鞘木柄，柄上还雕有避邪的鬼头。……泡在好酱油中、九浸九晒的高丽纸。此纸的用法有两种，在宫中吃肉，则用这种酱油纸假作拭刀揩碗，让脱水的酱油中的盐分因热气而还原，用以蘸肉；因为吃肉原是不准加作料的，所以必得用此掩耳盗铃的办法，以符仪制。至于在宫外吃肉，则干脆撕一块酱油纸，扔入汤碗，溶成酱汤，比较省事。"且此二物皆系在随身的腰带上。

另，据《宁古塔纪略》《柳边纪略》《绝域纪略》《满洲源流考》及《双城县志》等记载，满洲人除节庆外，于还愿时，亦请亲友食用白肉，经过长时期的具体实践，故制作精究，质量极高。此外，民初人士柴小梵在其《梵天庐丛录》卷三十六里亦记一则"吃白肉"，云："满洲皆尚此俗，每至夏历元旦家宴时，先陈白肉一簋，其子弟卑幼各以一脔进于尊长。尊长食，其下依次遍食，以多为贵。吃白肉毕，而后进各肴馔，俗称一岁健康与否，皆于元旦吃白肉时卜之，食多则常保安全，否则不然，年老者更于此验之。亲友入门贺岁，各问长老元旦吃肉若干，其老者即食肉不多，主人亦饰辞以对，亲友则深致贺辞焉。

又，满俗有婚丧事宴客，无鸡鸭鱼鲜等品，四碟八簋，为胾为戴（音志，切成块的肉），为醢（音海，肉酱）为羹，纯系豕肉，别无兼味，酒始巡，必先进白肉一器，其崇尚之如此……"体面礼俗至此，可谓非猪不可，少猪不欢。

正因满人好食白肉，于是乎"名震京都三百载，味压华北白肉香"的"砂锅居"遂应运而兴。

腴美不腻、肉白胜雪

"砂锅居"原名"和顺居"，其字号系取"和气生财，顺利致富"的吉祥之意，坐落在西四牌楼北边缸瓦市路东，紧邻着定王府的围墙。据说它之所以名为"砂锅居"，是因为大门口设了个灶，上面摆着一个大砂锅，直径四尺多，高则约三尺，可以煮一头猪。在清代时，该店每天只杀王府供应的一头猪，且所煮出来的肉，肉白胜雪，其刀工也是一绝，片薄如纸，其腴美不腻的滋味，冷吃熟食皆宜，遂大受欢迎，过午即售清，收了店幌子。是以当时即有"缸瓦市中吃白肉，日头才出已云迟"之句。老北京流行的歇后语"砂锅居的幌子——过午不候"，即由此出。不过，这种"限量供应"的形式，终究难以为继。1937年之后，"砂锅居"便"打破旧规添晚卖"，全天营业。

后来，"砂锅居"的白煮肉，已与当年王府无盐无酱的"白煮祭肉"大不相同。店家选用去骨的猪五花肉或通脊肉，洗净切块后，以大砂锅、清水炖煮，旺火烧开后，文火再煮两个小时，中途不再添水。这样煮出的白肉，才能保持着原味，肥而不腻，瘦而不柴，汤汁浓郁。接着撇净浮油，捞出晾凉，撕去肉皮，再切成宽不足一寸、长不过四寸的薄片，片薄如纸，粉白相间，煞是好看。然后整齐地码在盘内，与小碗调料（内含酱油、蒜泥、腌韭菜花、腐乳汁、辣油、香油等作料）上桌供食。如就着荷叶饼或芝麻烧饼吃，风味独特，诱人馋涎。

目前北方以白肉著名的餐馆，除"砂锅居"外，尚有吉林省的"老白肉馆"及"春和园"，前者以白肉血肠闻名，后者则以抽刀白肉而名扬东北，各有其独门绝活。

"老白肉馆"初由满人白树立于清光绪年间创办，专营白肉血肠，1940年更名为"太盛园"，仍以此菜为主，因其滋味甚佳，深受顾客喜爱，成为吉林名菜。后改回原店名，继续专售此菜。其法为取新鲜带皮骨猪五花肉，切成大方块，置明火上烤至外皮焦糊，入温水浸半小时取出，退去浮油，去净毛污，入锅。沸水烧开后，再以小火煮至熟透，趁热抽去肋骨，切成十厘米长的薄片，皮面朝上码入盘中。其白肉软烂，皮色棕黄，肥而不腻。与置于肉汤汁中的血肠切片共食，软嫩细润，时逸肉香。又其蘸料主要为韭菜花、腐乳、蒜蓉、辣椒油等。其血肠制法亦有独到造诣，在此且略而不谈。

抽刀白肉的创始人为"春和园"厨师田福。他自幼在此司厨，擅烹猪肉菜肴。其红烧肉和清汤扣肉都是特色名菜，然而白肉渍菜火锅这一味，常因肉切得短而厚，食来腻口。他为了改进油而肥腻的缺点，便反复摸索，开始将刀切改为刨子推，果然推出的肉片其薄如纸，但长度不够，仍不完美。后来，田福特制一把长近二尺的片刀，日夜操练，终于创出推、拉、抽的娴熟刀法，并能抽出长过一尺、薄得可隔肉看清纸上字迹的白肉片。此白肉片自1927年创制成功以来，因形状美观，红白相间，熟后如波浪起伏，脆嫩鲜香，肥而不腻，不仅可在店内享用，还是馈赠亲友的绝佳礼品。

此肉片在制作时，系取一方长、宽均达六十厘米的猪腰排五花肉，除去肋骨，入清水浸泡三小时捞出，用刀刮净毛，置清水锅中，煮至五成熟时捞出，置案板上压平，接着冰镇，然后用片刀抽拉出长薄片，要求长短、厚薄一致。此肉片既可单独食用，亦是制作火锅、氽白肉的绝佳食材。而在单独食用时，还得再加工，将肉片从两头向中间折叠，分八片或十六片码成一盘，上笼屉蒸熟后，沥去油分即成。食时的蘸料，主要为蒜酱及韭菜花等。

由上可知，而今在北方白肉仍居龙头地位，"白活"（专门承应吃白肉的厨师）的功夫了得。早在盛清之时，袁枚即在《随园食单》中写道："白片肉……此是北人擅长之菜。南人效之，终不能佳。"何以不能佳？主要在片法。他接着指出："割法须用小快刀片之，以肥瘦相参，横斜碎杂为佳，与圣人'割不正不食'一语截然相反。"当然啦，食客片肉的手艺，与食量亦有一定的关系。善于此道者"连精带肥，片得极薄的一大片，入口甘腴香嫩，其味特佳；不会片的，只是切下一块，肥瘦不拘，要嚼好一会儿才能下咽，味道自然差得多了"，这可从梁溪坐观老人的《清代野记》中得到佐证。他曾参加过一次"吃肉"的宴会，其中写道："予于光绪二年（1876）冬，在英果敏公宅一与此会，予同坐皆汉人，一方肉竟不能毕。观隔坐满人，则狼吞虎咽，有连食三四盘、五六盘者。"

另，童岳荐在所著《调鼎集》内，亦对"白片肉"的烧法等提出一己的观点，颇具参考价值。他认为："凡煮肉，先将皮上用利刀横、立割，洗三四次，然后下锅煮之，不时翻转，不可盖锅。当先备冷水一盆置锅边，煮拔（将食材用清水煮沸以除去血水和腥气等）三次，闻得肉香即抽去火，盖锅焖一刻，捞起分用，分外鲜美。"此外，在选肉及蘸料方面，亦大异于北方餐馆。其法为："忌五花肉，取后臀诸处，宜用快小刀披片（不宜切），蘸虾油、甜酱、酱油、辣椒酱。又，白片肉配香椿芽米，酱油拌。"看来这位富甲一方的盐商，即使是吃白片肉亦甚讲究，比起天子脚下，似乎更胜一筹。当下日本在夏季时喜食白片猪肉，虽蘸料与做法不同于中土，但其饮食受中国影响甚深，于此亦宛然可见。

白肉迄"文革"前仍在长江下游地区流行，著名者如伍稼青《武进食单》中之"白切肉"，其项下云："取上好猪肉一方块，入锅加水煮一沸，撇去浮沫，加酒少许再煮，以熟为度，不可太烂。取下去皮切片，排列盘内，另用小碟盛酱油、蒜泥或麻酱，蘸而食之，腴而不腻，夏令最宜。"另，早年上海的"德兴馆"亦有白切肉供应，保持本帮正宗烧法。这两款白肉菜，全然家常风味，只要烹调得宜，照样好吃得紧。

四川的蒜泥白肉，可算是天府珍馐中的重要一味。其白肉的菜肴，应是由江南导入，此当归功于美食家李化楠、李调元父子。李化楠在乾隆朝时，曾宦游江南多年，勤搜当地食单，录下大批饮食资料。等到其子李调元在编辑"函海"丛书（共四十函）时，便以此为基础，再加上四川民间食品加工酿造等法，整理编成《醒园录》一书，收入"函海"丛书之中，刻行于世。"白煮肉"亦因而流行于巴蜀诸地。到了晚清之时，"白肉""春芽白肉"等菜肴，已记载于傅崇矩的《成都通览》一书内，成为当地的几道美味。及至20世纪20年代，蒜泥白肉才正式问世。

早年在成都以擅烧蒜泥白肉成名的店家有二，一是位于南城祠堂街，对面为少城公园，此店不大，店堂只容十张左右小桌的"邱佛子"；另一是址设东城华兴街，属繁华地段的"竹林小餐"。两家菜品相近，菜之浓淡入味，则各有其特色。

前者在选肉上挺讲究，要不肥不瘦，要皮薄肉嫩，又要皮肉相连，还得瘦略多于肥。肉煮过后，捞起漂凉，切成长十二厘米、厚宽五厘米的长方块，再煮再漂待用。等到用时，尚需入罐煮至断生，不黏又不硬才行。片肉则刀随手转，刀进肉离，所片下的肉则其薄如纸，每片都一个样儿，有皮有肥肉有瘦肉，而且不穿不透，平整透亮。其作料亦极佳，酱油选用胜利窝油；辣椒用成都附近所产之二荆条辣椒，舂成辣椒面，再以熟菜油烫制成辣椒油；蒜泥必须当天舂，才能保持蒜味浓郁。成菜为白肉热片上盘，浇上酱油、辣椒油和蒜泥拌成的作料，白里透红，香气四溢，深受食客喜爱。

后者在选肉上尤高人一等[1]，专取"二刀肉"及腿上端一节的"宝刀肉"，这样的猪肉除不肥不瘦、皮薄质嫩外，且皮肉肥瘦相连，肥少瘦多，这上好肉到了店里，还要去其骨筋次

---

[1] 一般川菜馆选用肥瘦均匀之肉，号称"匀白肉"或"云白肉"。

品，以其最精华部分，放汤锅中煮至半熟。据名美食家车辐的叙述："在此时要拿稳火候，多一分太死，少一分太嫩（这个嫩是不成熟），要及时捞起漂（去声）冷，然后再捞起来整边去废。根据猪肉大小、方位，切成长方形肉块，再放进汤中煮它一定时候，捞起放入清水中漂冷，使其冷透过心。两煮两漂，达到热吃热片的地步。"但店家这个热切热吃的"当家王牌"菜，除非是熟客，只能现片现吃，"但仍是无上佳味"。而想吃那热片热吃的熟客，得趁人少时，向堂倌先打招呼，再亲去厨房和厨上打个照面，这时大师傅蒋海山才会使出看家本领，于刀随手转、刀进肉离外，再片完一刀，指头顺弹，肉片飞卷入盘，望之犹如木工刨刀推出的刨花。他在施展完此一运刀之妙堪称一绝的超凡技艺后，"白肉片得来如牛皮灯影那样薄，皮子肥瘦三块相连，透明度高，平整匀称"，然后食客用德阳或中坝口出产的酱油蘸上，和以红油、蒜泥。

车辐食罢极为满意，认为"那真是达到食的艺术最高标准"了。难怪老成都人会说："竹林小餐二分白肉，两个人去吃吃不完。"为什么一小盘白肉（二分）才这么几片会吃不完呢？原来它好吃到两个人如遇吃剩下是个奇数，最后那一片谁也不好意思下箸去拈。此正拈出店家"少而精"的妙处，东西愈好，愈有人吃。反正敲竹杠嘛，只要好吃，一个愿打，一个愿挨，不也就各得其所、相安无事啰!

二十几年来，台湾的川菜式微，早就无适口的蒜泥白肉可食，加上创艺菜当道，居然搞起蒜泥白肉卷，用瘦而不肥的白肉，卷着芦笋、小黄瓜条或掐菜等，上浇一匙蒜泥、酱油等兑成的调料，调汁淋漓，好不可怖;加之肉上无皮，食来柴涩不堪。看来现今在台湾，想吃好的白片肉，只有去位于永和市的"三分俗气"去品那爽嫩适口的白灼禁脔，反而可以大快朵颐，一膏馋吻。

猪事大吉蹄爪篇

　　蹄髈和猪脚尖是很多人的最爱，而且不分男女老少。在我所吃过的蹄髈中，若论滋味及卖相，必以"天坛"的"红苹圆蹄"为最。制作考究，火候十足。其法系以苹果泥用"敦"[1]焖上六小时，外观红通油亮，浑圆完整无瑕，皮有弹性肉不柴，肥油消融无踪；且其所搭配者，为卷曲成环的白色面线，朱红色的小红萝卜及翠绿的青江菜，排列齐整，颜色灿然。我每见此五彩缤纷、悦目养眼的佳肴，必不能自已。若非尚有他菜，早就筷不停夹，一一送入五脏庙中。

1　一种陶制的窑，状若烤鸭的铁桶。

猪蹄补益养身

清代名医王士雄对猪蹄的补益甚为推崇，指出其性"甘咸平"，能"填肾精而健腰脚，滋胃液以滑皮肤，长肌肉可愈漏肠，助血脉能充乳汁"，同时"较肉尤补，煮化易凝"，且以"老母猪者胜"。然而，它也不是毫无缺点，"多食助湿热酿痰疾，招外感，昏神智"；因此，"先王立政，但以为养老之物"。只是母猪蹄能下妇人乳汁，历来医书多持此说，早如六朝时《名医别录》即有以此煮汁服用以下乳汁之记述，唐时《外台秘要》亦有用母猪蹄煮汁以疗妇女无乳的记载。而今，台湾妇女每以花生煮猪脚来发乳汁，港、澳地区的妇女，最常用者乃猪脚姜，可见老祖宗这法子甚为管用，遗爱受惠至今。

猪蹄在先秦时多充作祭品，像《史记·滑稽列传》中，淳于髡说，"见道旁有禳田者，操一豚蹄，酒一盂"，"臣见其所持者狭而所欲者奢"。后因此演化出"豚蹄禳田"的成语，形容以薄礼而望厚报。时至今日，中国有些地区仍有在新春佳节或清明、冬至祭拜先人时，用一只猪蹄奉祀于牌位前之习俗。不过，猪蹄比起猪头来，更上不了台面，以至在清中期之前，甚少有记载其烧法之菜谱或食单。真正让猪蹄跃上烹饪舞台并大放异彩的，首推童岳荐的《调鼎集》，计有二十七种之多。其中的"煨猪蹄"，即袁枚《随园食单》所载的"猪蹄四法"，分别是清酱油煨蹄、虾米汤煨蹄、神仙蹄及绉纱圆蹄。且为看官们道其详。

清酱油煨蹄原文："蹄膀一只，不用爪，白水煮烂，去汤；好酒一斤，清酱、酒杯半，陈皮一钱、红枣四五个，煨烂。起锅时，用葱、椒、酒泼入，去陈皮、红枣。"文中的清酱，无色，其味极鲜美，是"三伏秋油"之冠。此菜的作料以清酱和酒为主，另以红枣、陈皮搭配，目的在增其甘、补其香，再煨至极烂。此肴色颇艳，形似钟，质鲜嫩，味香醇，咸中微甜。起锅之际，淋以葱、椒、酒，风味更佳。

虾米汤煨蹄原文："先用虾米煎汤代水，加酒、秋油煨之。"文中的虾米，其品种繁多，有大中小之分、咸淡之别。如按其形体及特征，又可分为金钩米、白米及钱子米。一般而言，能用体弯如钩、颜色鲜艳、略有干壳、肉坚实而味清淡的金钩米，即可列上品。此菜采用虾米熬汤，再加酒、酱油煨蹄髈，制法特殊，其味鲜美，汤呈浅红，皮烂肉酥，具有浓厚的海味，两者合治甚鲜，令人回味不尽。

神仙蹄原文："用蹄膀一个，两钵合之，加酒、加秋油，隔水蒸之，以二枝香为度，号'神仙肉'。"文中的两钵合之，指民间采用简易炊具，以两钵合一，置沸水上蒸之。至于"神仙"，则是浙江的一种方言。其法是采用稻草为燃料，慢火勤添。

先将鲜蹄整治干净入钵，皮朝底，加酱油、酒等作料调之，不加汤水，然后加盖密封，隔水蒸之而成。待宾主叙情毕，及时献上尝食，食者无不讶异，并且赞美不绝，称神仙烹制法。此肴妙在简便、快速、味美，其质本略带涩性，切片盛盘淋汁后，吃时却无腻柴感，鲜香爽润，风味独特，袁枚认为他吃过的，以钱观察家所制作的最精美。

绉纱圆蹄原文："用蹄膀一只，先煮熟，用素油灼皱其皮，再加作料红煨。"此法选用鲜猪蹄，整治净毛后，煮至七成熟，趁热在皮上略涂酱油，以热素油[1]油炸，捞起再浸入原汤中，使皮松散，泡如绉纱，江南亦有称其为虎皮者。待其皮酥软，接着加酱油、酒、糖煨至酥烂。成菜外形美观，香味四溢，皮糯油润，肥而不腻，筋肉尤美。另，蹄膀之肉活络，筋肉相连，细而腴美，味落于汤中，妙则在其皮，难怪懂吃的人会先下手为强，用筷子挑其一角，掇食其皮，号称"揭单被"。

蹄膀一名肘子、蹄花。制法或红烧或白煮或冻或酱，吃法可冷可热，由于妙品极多，众香发越，美不胜收。以下所举，皆是其中的佼佼者，可供食兴谈助，足为食林生色。

红烧猪蹄中，最负盛名者，为枫泾丁蹄及苏造肘子等；台

1　通常为花生油。

湾所制者，以客家人最为擅长，分别是万峦与美浓猪脚，唯囿于篇幅，故众所周知的万峦猪脚，暂且存而弗述。

枫泾丁蹄，是上海市郊金山枫泾镇的特产。此镇本是水乡，有"芙蓉镇"之称。约当清咸丰年间，该镇的丁氏兄弟在张家桥边合开"丁义兴酒店"，经营一些酒菜和野味熟食。由于本轻利薄，一直发不起来。一日收市后，兄弟俩闲谈，一致认为，只有做得出有自家面目的特色产品，才能把饼做大，进而一本万利。于是由猪蹄着手，经多次配料研制，终于烧制出红通油亮、肉细皮滑、完整无缺、久食不腻的"丁蹄"，哄传江南各地，每日座无虚席。

吴俗本尚蹄肘，妙在"缓火煨化"。丁氏兄弟成功后，并不以此自满，几经改良之后，选料更为严谨，除了用太湖良种猪重约一斤三两的后腿外，更以嘉兴"姚福顺"特制的酱油、苏州"桂圆斋"的冰糖、绍兴花雕酒，以及适量的丁香、桂皮、生姜等原料，经柴火三文三旺后，烂煮成今日这种热食酥烂香醇、冷尝鲜腴可口、汤汁稠浓不腻的形式，既为酒席上的佐餐佳肴，亦是馈赠亲友的高贵上品。

此菜做成罐头后，远销南洋各国，并在1954年德国莱比锡博览会上获得金质奖章，蜚声国际。有位佚名仁兄的竹枝词赞云："丁蹄产自镇枫泾，料好煮堪文火生。运去欧亚多获奖，百余年来业兴旺。"持论公允，可为的评。

类似丁蹄的冰糖圆蹄，佳品纷呈，手法不一，例如伍稼青的《武进食单》，即记述如下："将猪蹄子肉一个，先煮一沸，取出，于肉皮上涂以红糖炼就之颜色，将肉放入碗内，加入酒、酱油、冰糖，隔水蒸之极烂……在食前另取大碗或大盘盖上翻转，揭去原来肉碗，则蹄子肉成半圆形，名曰'冰糖圆蹄'。"此外，当下流行的周庄万三蹄、猪八戒踢皮球等创意菜，皆冰糖蹄髈之流亚。至于目前在台湾红透半边天的万峦及美浓猪脚等，我曾撰文介绍过，在此就不赘述了。

苏造肘子则是一道清宫菜。据清宣统帝溥仪弟媳爱新觉罗浩所撰《食在宫廷》一书的说法："此菜是由苏州著名厨师张东官传入清宫。清宫膳单上的所谓'苏灶'[1]，说到底，全出自张东官所主理的厨房。苏指苏州，灶指厨房。本来地方菜少滋味而多油腻，张东官深知这一点。进入清宫以后，他掌握了皇帝的饮食好尚，因此他做的菜颇合皇帝的口味。菜味多样而又醇美，'苏灶'遂誉满宫廷内外。直到现在，北京民间没有不知道'苏灶'的。流行于北京民间的'苏灶肉'和'苏灶鱼'等，都是当年张东官传下来的。"

1　查故宫博物院御膳房膳底档，均作"苏造"二字。

在制作此菜时，"先将猪肘子洗净，用火燎净毛"；接着"锅内倒入香油，用大火烧热，把锅从火上撤下来，放入猪肘子，炸至色黄"；然后"在另一锅内倒入清水，放入甘草。放甘草是为了除去猪肘子的异味，但放多了味苦。接着加入萝卜、陈皮、鲜姜和猪肘子，用中火炖一小时出锅"；最后"把炖过的猪肘子放入砂锅内，加酱油、冰糖、香蕈、酒、葱、鲜姜和适量水，用中火煨一小时，至汤尽时，即可供膳"。根据她的说法，此菜十分名贵，"具有回味无穷、百吃不厌的特点"。虽用的冰糖分量不多，仍可视为冰糖肘子所衍生出的流派，体系分明，饶富滋味。

而在所有白煮的猪脚[1]菜肴中，当以粤菜的白云猪手在台湾最享盛誉。

这道白云猪手，乃广东传统的风味名菜，它有个令人发噱的传说：相传在古时，广州白云山上有一寺院。某日，住持下山化缘，小沙弥欲尝荤腥，偷偷弄得一只猪脚，下锅炖煮。猪脚初熟，正待入口，不巧住持回寺，小沙弥怕被责罚，连瓮带肉，抛入溪中。次日，有一樵夫路过，见它并未腐败，便携回家中，蘸调味料而食，觉其皮脆肉爽，确实好吃。于

1　粤人称其为猪手。

是这种以冷水泡熟猪手再蘸料吃的方法，很快在市井传播，再经良厨们改进，更加甜酸适口，终成岭南名菜。又，此菜因源自白云山麓，遂得此名。今港、澳一些小馆，仍以此肴为号召。据说最考究的，必用白云山上的九龙泉泡浸，"极甘"，烹之有金石气。

白云猪手在制作时，须经过烧刮、斩小、水煮、泡浸和撒料五道工序。即先去净蹄甲、猪毛，接着放进沸水中煮，以清水冲漂，斩成小块后，续以滚水煮，再捞出冲漂；三度用沸水煮至六成软烂；最后置入烧沸过滤的调汁中腌制六小时，捞起盛盘，撒上用瓜英、锦菜、红姜、白酸姜及酸荞头制作的五柳作料即成。相当耗时费工。

此肴的特色为：肉质爽而不柴，入口腴而不腻，五味杂而不纷，颇能引人食欲。其能风行至今，确有可观之处。

原汁调味，入口即化的美味鲜甜

比较起来，台湾的白煮猪脚，重在原汁原味，很少花俏别裁，南北均有佳品，可谓相得益彰。北部以基隆最盛，先由夜市的"纪家猪脚"独领风骚，后出的"猪脚林原汁"滋味更棒，只是僻处一隅，声名不如前者。至于南部的，必以屏东县里港乡的"文富"最擅胜场，若论声势之盛，应可与"万峦猪脚"并驾齐驱。

"文富"原本是市场里的小摊子，自做出名后，便申请专利商标，其后宗枝别传，无不打着乃父的招牌，分店接连开设。打从街口望去，实在搞不清哪一家才是正牌的。我尝过好几家，味道都很接近，一时难分轩轾，显然各得真传。不过，自旧街拓宽后，这种"正宗老店"林立的盛况，便已不复存在。

店家专取猪前脚，以巨锅大火煮熟后，改用文火慢炖几个小时，肉糜而透，皮滑不腻，置于大铝盆中，食前先余烫，再斩成小块装碗，隆起像座小山，清香之气四溢。做法看似简单，难在火候得宜，让人频动食指，纷纷以箸猛夹。而煮后的猪脚高汤，正是下馄饨的好汤底，浮油尽数撇去，汤汁芳鲜带清，是以此二物齐名，乃行家必点之佳品。

又，猪脚的肉皮不上色，"作料亦不用酱油与冰糖，仅用盐、酒、葱白"，此即《武进食单》所称的"水晶蹄子"，一名水晶肘子。据已故美食大师唐鲁孙的回忆，北京西北城外的什刹海，靠近后海有家叫"会仙堂"的饭庄子，高阁广楼，风窗露槛，是晚清名公巨卿的流连之所，时有文酒之会。其制作的水晶肘子，曾得张香涛（之洞）的品题，"认为洁净无毛，浓淡适度，冻子嫩而不溶，可以放心大嚼"。经他此一赞誉，水晶肘子顿成其名肴，如织食客，莫不点享。这款佳制，我尚无福过口，但尝过台中"老阍厨房"所制作的上品，色呈雪白，刀工细致，皮爽肉脆，片片宛然透亮，蘸其独门酱汁，入口溶化无迹，诚为消夏圣品，一再陶醉其中。

荆楚名菜之一的罐煨蹄花，亦是白煮中的佳作。此菜原为庄户菜，是农家下田前，将食材装入瓦罐里，置灶膛火灰中，归来肴成，喷香扑鼻。现则改用炭火盆煨制。由于制作方便，文火攻坚，故能原汁原味，糯烂醇美。其与罐煨狗肉、罐煨牛肉齐名，号称荆门"瓦罐菜三绝"。

此菜制法：先把猪蹄整治洗净，切成小块。再煸至水干，下各调料炒至入味，加汤烧沸，撇去浮沫。接着洗净瓦罐，下煸炒过的葱、姜、大茴香，垫猪骨，再倒入连汤的蹄花，以纸糊住罐口，置微火上煨，三四小时即成。尤须注意者，罐内油面沸时，以不冲破纸为度，且装盘供食之际，可撒胡椒粉、葱白丝，更能增美添味。

又，白水滚煮、冷盘供食的名菜中，成冻状的镇江肴肉，堪称无上妙品。其精肉色红，香酥适口，食不塞牙，肥肉去脂，食不腻口，吞咽即化，佐姜丝、香醋而食的滋味，每令众生为之倾倒不已。

此江苏传统名菜，一名水晶肴蹄、肴蹄、冻蹄、硝肉，在镇江已有三百多年的历史，虽有错放硝及八仙之一张果老食之而甘的说法，却纯属无稽之谈。其实，此菜明代已有之，天下第一奇书《金瓶梅》第三十四回，即有"水晶蹄膀"一名。且《食宪鸿秘》中的"冻猪肉"及《调鼎集》中的"冻蹄"，主料虽与今日镇江的相同，唯配料、制法均不同，故名虽相近，但味道大不同，只是其冻味万端，在此且附上一笔。

肴肉的制法：猪蹄整治干净，剖半剔骨，抽去蹄筋，皮朝下平放案板上，以铁扦在瘦肉上戳数个小孔，用盐和硝水腌制，腌制的时间和用盐量则因季节而异。腌好后，入冷水浸泡，漂洗干净，入锅加香料用大火烧沸，改用文火续煮，上下翻身，煮至九成烂，出锅，装盆加压毕，舀入"老卤"汁，冲去盆内油卤。最后把锅内汤汁去油，舀入盆内，经冷冻后即成。成品红白相间，直如玛瑙镶嵌白玉。

又，肴肉根据肉之部位及肉质不同，形成特殊状貌，上桌各有名目。如前爪肌腱，切片呈圆形，其状似眼镜，特称"眼镜肴"，食之筋柔纤细，口感极佳；前蹄的肉，切片则呈玉带钩状，称"玉带钩肴"，其肉甚嫩；前蹄爪上肌，肥瘦兼具，名"三角棱肴"，食味颇美。至于后蹄瘦肉中间的那条细骨，号称"添灯棒"，乃老饕们的最爱，交情不够或机缘不巧，就无口福细品其中味。

有首赞美肴肉的诗云："风光无限数金焦，更爱京口肉食饶。

不腻微酥香满溢,嫣红嫩冻水晶肴。"既点明了它的色、香、味、形,同时拈出其酥、弹、鲜、嫩,能独具一格。我特爱其细润而香、色泽明艳及光滑晶莹,取此与风鸡搭食,堪称绝配。佐以黄酒,相辅相成。

另,白煮猪蹄尚有一名菜,深受老北京人的喜爱,此即燎肘。此菜是先将肘皮燎煳,再经白煮而成。其最难者为燎,把去骨带皮猪肘直接用铁叉子叉好,放在火苗上晃动,这就是燎。燎时要将猪肘不断地翻转移动,务使肉皮受火均匀,待整个肉皮变成金红色,散发出香味,且上面起一层小泡,便已燎得恰到好处。接着放在温水里泡,刷去皮,肉皮色呈金红,再放到清水锅中煮。煮熟后连皮切成大片,装盘登席。食时蘸酱油、蒜泥、腌韭菜花、酱豆腐汁、辣椒油等调料吃,其香浓郁,金相玉质,极具风味。

下酒菜香气四远驰名

北京人另爱一个"盒子菜",此乃熟食冷荤中的下酒菜——酱肘子。据近人崇彝《道咸以来朝野杂记》写道:"西单有酱肘铺名'天福斋'(即天福号)者,至精。其肉既烂而味醇。"殊不知其肉之所以烂,倒是有一段传说。

起初该号的酱肘子，与他店所售者，并无不同。有一天，轮由老掌柜刘凤翔之孙刘抵明帮着看锅里的煮肘子，而年幼的他，竟沉沉入睡。待醒来一看，已塌烂锅中，他可吓坏了，瞒着大人们，将软烂如泥的肘子放凉，想要鱼目混珠。恰好一刑部小吏路过，便把这些肘子买去。待回家吃罢，觉得味道不错，第二天又派人来买。然而，烂肘子已售罄，他尝过"正常"的，风味大不如前，便指明要前一天那种。于是刘抵明向老掌柜和盘托出，店东喜出望外，便按"失误"之法，更加精心制作。成品不仅令小吏满意，而且口耳相传，招来不少达官贵人。"天福号"的酱肘子从此誉满京华，甚至传入宫廷。据说慈禧太后亦食过其酱肘子，爱不释口。即使是一向茹素的瑾妃，亦送口品尝。光绪的帝师翁同龢，曾为"天福号"写过牌匾；状元郎陆润庠亦题写过"四远驰名"。

又，依"天福号"的老师傅盛灏春的回忆，他的师傅盛素海，生前就曾赴清宫，送过多回酱肘子，溥仪或因而尝过其酱肘子。等到溥仪于1959年被特赦后，这位末代皇帝还骑着自行车前来买酱肘子哩！

《调鼎集》中另有"酱蹄"及"熟酱肘"这两道菜。前者于"仲冬时，取三斤重猪蹄，腌三四日，甜酱涂满，石压，翻转又压，约二十日取出，拭净悬当风处，两日后蒸熟整用"，后者则"切方块配春笋"。不论就制法及吃法观之，皆与"天福号"的酱肘子相去甚远。

除此以外，可与猪蹄同煨的食材，《调鼎集》里亦举出鱼鳔、笋、鲞、醉蟹等多种，手法亦与用虾米者大异其趣。其运用之妙，足以让人大吃一惊，赞叹不已。

最后要提的是宁夏风味的名菜丁香肘子，以为本文之殿。此珍馔由银川"同福居"的名厨霍林泉所创制。霍本是慈禧太后御用的厨师之一，自1931年起，在"同福居"主理厨政，以丁香肘子及坛子肉等名世，丁香肘子尤受顾客欢迎。1939年初，蒋介石、宋美龄抵银川视察时，特地尝了此菜。历数十年来，其盛誉始终不衰。

在制作前，先整治好猪肘，入锅煮至六成熟取出，沥干水分，抹上糖色（酱色），在猪皮上改刀切成菱形块（皮仍保持完整），皮朝下装入碗中。接下来加丁香、八角、葱、姜、蒜、肉汤、盐、酒，上笼蒸至酥烂，取出，扣入盘中，把卤汁注入锅中，烧沸，下湿淀粉少许勾薄芡，浇在肘子上即成。此菜香浓特甚，肉质酥烂，肥而不腻，腴鲜适口，堪为近世肘子菜的压轴之作。

走笔至此，尚未道尽肘子菜之妙，盼异日有机会时，再与诸君聊一些罕为人知的蹄髈美馔，既可满足口腹之欲，亦能提升精神层次，两相结合，不亦快哉！

猪事大吉火腿篇

记得三十几年前，家住雾峰、台中时，我猛啖火腿之多，堪称前半生之最。其时，姨丈在嘉义县教育界显赫一时，宾客盈门，贺礼山积。所有礼物当中，最常见的干货就是整只火腿。他不会处理这玩意儿，家母倒是能烧一手好菜，善烹各式各样干鲜食材，因此，他每到省府教育厅开会或公干时，必携赠一两只火腿，顺便饱餐一顿。我们几个小萝卜头自然跟着受惠，吃了好些火腿珍馔。此外，火腿实在太多（每月至少一只），在运斤猛斫后，自家日常受用，无论蒸炖煨焖，还是脔割细片，仍多到吃不完，便分赠亲友们。这段美好时光，约摸七年光景，现在回想起来，往事历历在目，其味隽永无穷，犹觉舌底生津。又，姨丈当年所携来者，为嘉义"万有全"所制造的精致上品，此火腿驰名全台。

火腿的起源

关于火腿的起源，历来多认为始于宋代抗金名将宗泽。宗泽因而被业火腿者奉为祖师爷。其说法不一，试为诸君一一罗列。总之，不外由他发明或请其乡亲们腌制而成。

一、宗泽家乡（婺州义乌，今属浙江省）的乡亲们，为慰劳其抗金之师，送来许多新鲜的猪腿。宗泽怕肉坏掉，便在肉上撒了一层盐，遂腌成火腿，备军旅之用。

二、宗泽将家乡的盐腌猪肋条肉携往汴京（北宋首都开封）宴客，宰相张邦昌食而甘之，问："此肉何来？"宗泽答："家乡肉也。"后对咸肉改进，选用猪后腿之肉当材料，进一步制作出火腿。

三、康王南渡之时，宗泽发兵勤王，以家乡所腌制的咸肉供其八千子弟兵食用，充作军中的副食品，故此咸肉初名"家乡肉"，等到得胜归营，再用此犒赏三军，因而留下"美不美家乡肉，亲不亲故乡人"之谚。待康王即帝位，史称宋高宗，宗泽再将之进贡宫廷。高宗见切开的肉绯红似火，即命名为"火腿"。此名出自御赐，自然非同凡响。

四、高宗在杭州时，令百官献山珍海味。宗泽进以家乡的咸肉，皇帝食之而美，便指定为贡品，火腿从而身价百倍，成为天下名物。

以上所举四说，皆有失真之处。不过，火腿创制于宋代，与名将宗泽有关，倒是不争的事实。又，宗泽的家乡义乌属金华府，该府所辖的金华、兰溪、东阳、浦江、永康、义乌等八县，皆为浙江省出产火腿的重镇，故以"金华火腿"为号，举世知名。

南腿、北腿及宣腿

大致说来，中国的上品火腿不胜枚举，以长江流域及云贵高原所产为大宗，甘肃的陇西火腿亦是不可多得的精品。自清代以来，质量最好、名号最响的火腿，分别产自浙江金华、江苏如皋及云南宣威等地，向有南腿、北腿、宣腿之称。以下且就这三者的特点及滋味等，概括叙述如下。

金华火腿：以当地特产的"两头乌"型猪制作，重二点五至五公斤。其特征为蹄小骨细、肉质细嫩、皮色光亮、红艳似火、香味浓郁、形似竹叶。据说起初的腌腿不是晒干，而是用火熏干的，产量极少，专供官家豪门享用。《东阳县志》指出："熏蹄，俗称火腿，其实烟熏，非火也。腌晒熏将如法者，果胜常品，以所腌之盐必台盐，所熏之烟必松烟，气香烈而善入，故久而弥旨。"又，金华火腿的顶级品为"雪舫蒋腿"，产于浙江东阳上蒋村。雪舫乃作坊业者之名。此腿大小适中，修长秀美，皮薄肉厚，瘦肉嫣红，肥肉透明，不咸不淡，香鲜甘醇，遂有"金华火腿产东阳，东阳火腿出上蒋"之说。然而，金华本地常吃不到好火腿，其上品均由杭州营销各地。袁枚在《随园食单》中便提及："火腿好丑、高低判若天渊，虽出金华、兰溪、义乌三处，而有名无实者多。……唯杭州忠清里王三房家四钱一斤者佳，余在尹文端公（时任两江总督的尹继善）苏州公馆吃过一次，其香隔户便至，甘鲜异常，此后不能再遇此尤物矣。"可见好火腿确实难得。

此外，杭州集散的金华火腿，以创设于清同治年间的"万隆"最负盛名，其制品之精工，名驰四远。至于"方裕和"老店所销售者，也因选货地道，确与凡品不同。现金华火腿已远销至五洲三大洋，受到各地的广泛赞誉，殊属难能可贵。

如皋火腿：主产于江苏省的如皋、泰兴、江都等地，以当地特产的"东串"型猪制作，重四至七点五公斤。其特征为皮薄蹄细，肉色红白而鲜艳，肉质紧实而干燥，形似琵琶且梅雨季节不易回潮，皮色亦不因室气潮湿而变白。其起源于19世纪80年代，有一浙江兰溪的商人来到苏北如皋，见当地的猪品种好、产量多，便试制火腿，获得成功。其成品比起金华本尊所产者虽较干些，但胜在腊香浓郁，故《清稗类钞》云："北腿首称如皋。"足见名号极响。

宣威火腿：主产于云南省的宣威、腾越、楚雄等地，又称榕峰火腿、云腿、宣腿。重量为七点五公斤左右，最为肥膘壮硕。其特征为皮面呈棕色，腿心坚实，红白分明，回味带甜。据《清稗类钞》的说法："宣统时，有自滇至沪（上海）者，赍以馈盛杏荪（即盛宣怀），礼单有'宣腿'二字。盛不悦，盖触其名也。然盛喜食此腿，几于每饭必具。"即使其名触忤盛公，但仍照吃不误，可见其味极佳。关于此点，散文大家梁实秋能道其详，指出云腿较金华火腿为壮观，"脂多肉厚，虽香味稍逊，但是做叉烧火腿则特别出色"。抗战时，有次张道藩召他饮于重庆的"留春坞"，其叉烧火腿，"大厚片烤熟夹面包，丰腴适口，较湖南馆子的蜜汁火腿似乎犹胜一筹"。其实，云腿亦可以蜜汁制作成珍馐，关于此点，且容以后分解。

火腿的多样吃法

以火腿入馔，生熟不拘。《清稗类钞》称："食之之法，或清蒸，或片切，或蜜炙，皆专食，亦可为一切肴馔之辅助品。"事实上，其名及吃法甚多，信手拈来，即有以下数端，皆有可观之处。在此且为诸君述其所由并道其详。

茶腿：产于浙江浦江县的"竹叶熏腿"，由于在制作时，另用竹叶烧烟烘熏，故皮色黝黑，具有竹叶特有的清香。又，金华地区各县所产统称"茶腿"，因其经烹制成熟后，口味鲜淡，肉质鲜香坚实，适合佐茶，故名。其实，此腿红肌白里，香不腻口，而好喝两盅的，亦常取来下酒。以上所举，乃熟食者。另一种须生食者，乃运往杭州的新鲜东阳火腿。据香港大美食家特级校对的说法，贮这种火腿的泥缸，上面是用粗茶叶铺满作盖的，也就是"茶腿"命名的由来。在杭州，便可买到当天开缸的新鲜火腿，现片现吃。另，清代最擅制作茶腿的人，为乾隆朝的孙春阳。大学士纪昀除旱烟、烤肉，亦爱食茶腿。据姚元之《竹叶亭杂记》的记载，有时仆人给他老人家端上一盘约三斤片好的茶腿，他边吃边说，一会儿就吃光了。用它来佐茗，香美又适口。

蜜火腿：袁枚在《随园食单》中指出："取好火腿，连皮切大方块，用蜜、酒煨极烂最佳。"说得甚为简略。还是伍稼青的《武进食单》说得透彻，拈出做法为："用火腿上肉一方，放入锅中，稍稍煮一沸，以去污沫及其原有之咸味，取出，批去肉皮，切成薄片，排砌饭碗中，再放入莲子或荸荠作衬底，浇以蜂蜜或放冰糖屑，用中火炖至极烂。"待扣毕后，"盖上大盘翻转，即

181

可上桌，名为'蜜炙火腿'"。目前此菜以浙江及云南菜馆最擅烧制，前者选用金华火腿中段质量最佳的一块肉（俗称中腰封），用冰糖水反复浸蒸，另配衬大干贝或鲜莲子、青梅和樱桃等烧成，食前撒上糖桂花、玫瑰花瓣屑增芳添鲜，其特点是咸淡适口，火腿浓香突出。后者则以云腿与宝珠梨相配，经焖蒸而成，其特点为红白相衬、芳香馥郁、甜咸鲜嫩。

想要烧好蜜火腿，《随园食单演绎》的著者、中国烹饪大师薛文龙，曾就其多年经验，认为除选料精细外，尚需掌握三则诀窍。其一为宽水慢煮，咸味易净，其质松嫩；其二是去除汤汁同蜜、酒煨之，然后分批加入冰糖，使甜味渗透，其肉肥而不腻，入口即化；其三乃采取紧酒水煨之，使皮红亮酥透不碎，促使火腿肉质更红，得到汤汁自来芡。至于搭配的食材，据他个人的体会，不应以甘配甘，以免腻口，故其相衬者，以南京三草之一的菊花脑（即菊花涝，亦名菊花头、菊花菜，乃一种多年生宿根性野花，春夏之际，枝繁叶茂，丛丛翠色；金秋时节，簇簇黄花，清香远逸）为宜，清热解毒，调中开胃，其味更妙。

不过，台湾的江浙菜馆甚少贩卖此菜，反而在湘菜馆风行至今，确实是个异数。原来民国政治家谭延闿讲究甘旨美味，其家厨谭奚庭及曹敬臣等，皆擅割烹之道，号称"谭厨"。他们对此菜均拿捏得恰到好处，必以蜜汁三成、冰糖七成，上锅先蒸，待糖、蜜融合之后备用。火腿须上锅蒸到八成火候，再把蜜汁浇上，略蒸个十分钟，即可起锅上席。只要蒸得稍久，就会甜腻滞口。尤须注意的是，此菜是火腿切块，滋味厚重，蜜汁甜润，因而他们绝不羼入火腿肥膘部分，才能鲜嫩适口，尽得腴而不腻之妙。

此外，与蜜汁火腿相近的珍馐为"一品富贵"。此菜在火腿去皮后，可稍许带肥，再切薄成片，其片切甚考究，要不松不散，更不许连刀。而烧制之时，浇上木樨莲子汁，目的在取点儿清香。早年吃这道酒饭两宜的佳肴，必搭配荷叶卷，后因陈光甫先生大力提倡，改用去边吐司蒸软夹火腿而食，颇利牙口，大受欢迎。台湾的湘菜馆（尤其是"彭园"），好以炸得酥透的响铃儿与火腿夹食，号称"富贵双方"，一脆一腴，相当可口。

片火腿：为《随园食单》补证的清人夏曾传认为，若得到好火腿，千万不可蜜炙，只须白煮即可，"加好酒以适中为度，用横丝切厚片（太薄则味亦薄）便佳。汤不可太多，多则味淡；亦不可太少，若滚干重加，真味便失。煮亦不宜过烂，烂则肉酥脱而味亦去矣。或生切薄片，以好酒、葱头，饭锅上蒸之，尤得真味，且为省便"。事实上，清末杭州菜馆即据此创制"薄片火腿"，可谓冷盘隽品，《西湖新指南》一书称此为"白切火腿"或"牌南"；《调鼎集》则谓其为"热切火腿"。梁实秋曾云：

"我在上海时，每经大马路，辄至'天福'。市得熟火腿四角钱，店员以利刃切成薄片，瘦肉鲜明似火，肥肉依稀透明，佐酒下饭为无上妙品，至今思之犹有余香。"此言可谓深得我心。记得数年前，友人自金华携回好火腿，商请"荣荣园餐厅"制作此菜，其味沉郁醇香，入口鲜腴带润，端的是上上品，好生令人难忘。

酒凝金腿：此菜源自南京，在20世纪20年代曾盛极一时，类似蜜汁火腿，风味自成一格，其香醇厚隽永，其味介于甜咸间，其形素中带雅，令人一食难忘。有"金陵食神"或"厨王"之誉的胡长龄长于此菜，经他不断改进后，堪称南京菜第一。所著的《金陵美肴经》一书，将之列为南京特色菜肴一百例之首，其推重可知。梁实秋有幸尝到此一绝妙美味，撰文指出："民国十五年冬，某日吴梅先生宴东南大学同人于南京'北万全'，予亦叨陪。席间上清蒸火腿一色，盛以高边大瓷盘，取火腿最精部分，切成半寸见方高寸许之小块，二三十块矗立于盘中，纯由醇酿花雕蒸制熟透，味之鲜美，无与伦比。"梁氏所食者为块状，胡氏所制者为片状，均沃以绍兴美酒，蒸而食之，其味美亦当如一。

黄芽菜煨火腿：这在《随园食单》中可是大名鼎鼎的美馔，经常被人引用。其原文为："用好火腿削下外皮，去油存肉。先用鸡汤将皮煨酥，再将肉煨酥，放黄芽菜心连根切段，二寸许长；加蜜、酒娘及水，连煨半日。上口甘鲜，肉菜俱化，而菜根及菜心丝毫不散。汤亦美极。朝天宫道士法也。"文中的黄芽菜即大白菜，酒娘指酒酿；朝天宫在江宁（即南京），建于明洪武年间。道教因源远流长，以至派别极多，有八十余派，但主要者为全真、正一两大宗，南北对峙。全真派以北京的白云观为中心，不饮酒，不茹荤，不畜家室，是真正的出家人。正一派亦称天师道，因江西龙虎山张天师的封号为天一真人而得名。天师为世袭，故娶妻生子，若非斋戒期，可饮酒吃肉，称火居道士。朝天宫的道士当然是正一派，才能精究火腿的烧法。

不过，夏曾传的看法显然与"去油存肉"不同，他认为"肉与皮分，一可惜也；去其油尤可惜也"。我比较支持夏说，毕竟黄芽菜吸足油后，其味更胜。如果嫌汤面太油，只消将多余的油撇去即可，不需事先即去此一尤物也。据说袁世凯每餐必备火腿熬白菜墩儿，其口福之佳，实令人神往。

金银肘子：用火腿与猪腿同烧的佳肴不胜枚举，像《调鼎集》内，便载有"金银蹄"（醉蹄尖配火腿蹄煨）、"煨二蹄尖"（鲜猪蹄尖、火腿蹄尖同煨，极烂后取出去骨，仍入原汤再煨，或加大虾米、青菜头、车螯）、"煨火肘"（火腿膝弯配鲜膝弯各三副同煨，烧亦可）等。除此之外，《随园食单》中尚有"火

185

腿煨肉"，《清稗类钞》中亦有"火腿煨猪蹄"等烧法。扬州人甚爱在夏日享用此菜，故有"头伏火腿二伏鸡，三伏吃个金银蹄"之谚。制作此菜时，先将陈火腿及鲜肘子清洗干净，煮熟后去骨，再一同煨烂。金蹄香而银蹄鲜，汤汁浓厚醇郁。有时为了增香提鲜，会放入整只鸡一同煨制，号称"金银蹄鸡"，是款超大件珍馐，亦有称"一品锅"者。

广东人烧起这道菜来，更是讲究，做法的构思出自广州"白云猪手"。火腿肘子及鲜肘子必须分别处理，每煮一次，便用冷水冲透，再煮再冲，冲完又煮。待煮至二肘均爽而不硬，再一同煮至软烂。如此一来，在工序奇繁下，二肘之皮与肥肉一点儿不腻，酥软而香。这是香港大食家特级校对的得意之作，只要烧这个菜，必不厌其烦地向宾客介绍做法，人们耳熟能详，但止于欣赏阶段，无人愿如法炮制。他晚年极少下厨，此法最后随其仙去，终成广陵绝响，使人不胜唏嘘。

东坡腿：此菜在清中叶曾广为流行。据朱彝尊《食宪鸿秘》的说法，制作时，用六斤重的金华好陈腿，剁其蹄尖，腿肉连皮带骨分成两块，洗净，入锅煮，去油腻，收起后，再用清水煮火腿，至糯烂为止。临吃之际，可再加笋及鲜虾同烩。由于其酥烂一如东坡肉，故得此名。又，《调鼎集》所载者，为另二法。第一法之前段制作与《食宪鸿秘》所载相同，后段则是"临用加笋段作衬"。第二法的工序更为繁复，须"切片去皮骨煮，加冬笋、韭菜芽、青菜梗或茭白、蘑菇，入蛤蜊汁更佳。临起略加酒，装(疑衍文)酱油"。比较起来，最后一法当为压轴之作。

当然啦，以火腿入馔的美味，绝不止于此。像《调鼎集》中的"笋煨火腿""炖火腿""粉蒸腿""糟火腿""火腿酱""炒火腿""炸火腿皮"，《清稗类钞》所载的"西瓜皮煨火腿"及特级校对认为易做而又美味、既可作日常菜式也可以飨客的"火腿冬瓜夹"，等等，均有其特色。诸君如于此有意，要烧出一席味美多元、别开生面的火腿宴，想来应非难事，只待有心发掘。

金华火腿盛名之下，仿冒充数的劣品，自然充斥市面。为了辨别真伪，朱彝尊便指出："用银簪透入内，簪头有香气者真。"且以香味浓者为上腿，香气不足者为次腿，或腌的日子不够。目前商品检验采取的打签法，即渊源于此。其法为在膝关节附近（称上签）、髋关节附近偏腿背侧（称中签）、髋骨附近至荐椎处（称下签），以竹签刺入，拔出即嗅，其佳品须有浓郁的火腿香气，且亚硝酸盐含量为每公斤不得超过二十毫克。可见手法一脉相承，今人至今受惠不尽。

又，火腿保管得法，可放三四年不变质。此一陈年火腿，自然是前面提到的好火腿，其先决条件，则是久挂。当年冬天所制的火腿，必须挂至翌年的夏天，才有火腿特有的一段香，待时至中秋，大半已售罄。如果头一年大规模制作，供应至第二年尚有存货，再挂个一两年，才是真正陈腿。其道理如同窖藏美酒，每年补充，风口高挂，挂到一定年限，方有好火腿可食。由于早年制腿全用手工，过程繁复，精于此道者不多，以至产量有限。据清人赵时敏《本草纲目拾遗》的讲法，凡是金华冬腿，陈年者，煮食气香盈室，入口甘酥，开胃异常，适宜诸病。足见它不仅是食疗养生的上品，同时也是行家眼中的珍品，一只难求。

末了，在此要提的是，火腿宜顺挂（蹄尖垂下），倒挂多油亶气，而且藏于肉内。只要涂上麦芽糖，可免油；加入白糖或与猪胰同煮，便可去除油亶气。又，梁实秋称腌不好的火腿有一股尸臭味，欲除此臭味，《调鼎集》内记载有秘方，像"可切大块，黄泥涂满，贴墙上晒之即除"。另，想使火腿汁变老（即陈汁），只要"去尽浮油，加白盐、陈酒、丁香"即可。用此老汁烧煮，"一切鸡、鸭、野味俱可入烧，量加酒料"，但羊肉及有鱼腥的食材，千万不可同煮，免得坏了一锅好汤。而想得鲜味，则先烧一只鸡，此汁一旦煮过，"虽酷暑亦不变味"。吾所不知者，乃当下江浙馆好以火腿（膧）煮全鸡汤，是否即取法于此？

古今食香肉大观

在十二生肖中，狗排在第十一位，其前为鸡，其后为猪。而鸡与猪，常在成语里头和狗并用，像鸡鸣狗盗、鸡飞狗跳、鸡犬不宁、猪狗不如等即是。不过，鸡、猪二者，现仍是人们[1]主要的肉食，而介于二者之间的狗，也曾是中国人重要的肉食来源，而且由来已久，只是经过一些演变，就食人口大不如前。

关于狗，《礼记》称犬；《古今注》称黄耳；《搜神记》称乌龙、盘瓠；《本草纲目》称地羊；此外，它尚有香肉、瞪眼食、无角羊、三六等别名。一般而言，古人将大者称犬，小者称狗；现则将之归为脊椎动物，哺乳纲，食肉目，犬科，犬属动物。目

---

1 不含特定族群。

前全世界的狗，有三四百个品种，如按其用途，可区分为猎犬、警犬、牧羊犬、玩赏犬、挽曳犬及皮肉用犬等。据考证，狗是由狼演变而来，不但是人类最早驯化的动物之一，同时充作家畜也有上万年的历史，现已广泛分布世界各地。唯中国自古即有菜狗的饲养。

中国人食狗的历史极久。远古之时，先民由生食转为熟食，他们所吃的，可能就是烧狗肉。原来狗被人们驯养后，即帮助狩猎，夜间与人同宿，担任守夜工作。而先民所居的洞穴，挖有火塘，日夜不能熄火，借以保存火种，而且夜里的火光，可以惊走野兽，也许有这么一回，狗（或老或病或不慎）失足掉进火塘而被烧熟了，先民取其肉充饥，从此知道熟食的好处。这或许可解释为什么龙山文化遗址和殷墟里，均发现大量狗骨，且其骨往往有烧灼过的痕迹。

此外，中国第一部字书《说文解字》内，其"肉"部有"肰（rán）"字，从犬字，义即"犬肉"；"火"部有"然"字，从火肰声，换句话说，其本义乃烧烤狗肉。后来字义扩大，引申为一般燃烧。日后"然"被假借作"然否""然而"的"然"，才另造"燃"字，故"燃"为后起孳乳、增益偏旁的字。又，"甘"部有"猒（yàn）"字，从甘从肰，义为"饱也"，其出发点为吃犬肉而甘，多吃了就饱，饱了就猒，由"猒"，再产生"厌"（简

写作"厌"），从而孳生了"餍"字。由上可知，先民是一直好
食狗肉的。

历代"香肉"食法

殷商时期，甲骨文中有"犬"字，亦有"狩"字，代表犬
是家畜，用在田猎。商朝且有"犬人"之设，把职司猎获的人
亦冠上"犬"字。另，殷人也用"犬"为祭祀之牺牲。故殷代
的卜辞内，有"燎犬"这句话。"燎"是熟食牲之法，所谓"燎
犬"，自然就是烧狗，可见狗既是祭品，也是食品。

到了周代，食狗文化粲然大备，载诸典籍史册的，不胜枚举。
像《孟子·梁惠王》："鸡豚狗彘之畜，无失其时，七十者可以
食肉矣。"《国语》记载勾践欲灭吴，在十年生聚教训时，"生丈夫，
二壶酒，一犬；生女子，二壶酒，一豚（猪）"，食用狗的地位，
尚在猪之上。《仪礼·乡饮酒礼》："其牲狗也，烹于堂东北。"
等等皆是。然而，对食狗载之最详的，莫过于《礼记·内则》。
该篇具体提及的吃狗法，有以下两种：

一、犬羹：此羹是取用狗肉、五味调料和米屑为原料，先
将狗宰杀治净，取其嫩肉，连骨切块，接着入鼎烧煮至八成熟
时，加五味调料，以米屑粉和之，制成羹汤。在制犬羹时，不

能用蓼[1]，以免味道不协调。

二、肝膋（liáo）：以狗肝一具、狗网油若干为原料。烹制之时，先把狗肝洗净，用网油裹包好，接着将其浸湿，放在火上烤，等到脂透肝熟，不加蓼即可食用。

此外，该篇认为搭配狗肉食用的主食为高粱。而且在食用时，应先去肾；同时赤股[2]之狗不食，因为它脾气急躁，肉味腥臊，很不中吃。凡此种种，皆可看出当时吃狗肉的讲究与心得，的确非同小可。

汉代食狗肉成风，应与西汉、东汉两朝的开国皇帝有关，影响所及，现在仍可在其发生的地点尝到精美的狗肴。

西汉的开国皇帝是历史上赫赫有名的刘邦。据《史记》及相关传说得知，他的故里为江苏省沛县，在其未发迹及担任亭长的期间，常去叨扰以屠狗为业的樊哙。两人交情虽深，但刘邦常赊账，食尽狗肉而不付分文，樊哙不堪其扰，为躲这个无赖，将其肉摊迁至湖东夏镇（今山东省微山县夏镇），刘邦闻讯赶去，但为河所阻，只能干着急。恰巧河中游来一只大鼋，载他游过河去。找到樊哙后，樊正愁狗肉乏人问津，刘邦二话不说，

---

1 一年生草本植物，生在水中，其味辛香，别名"水蓼"；生在原野，别名"马蓼"，可供食用、药用、染料用。

2 一说为股里无毛，另一说为大腿上无毛、光屁股的癞皮狗。

抓起狗肉便吃，被他这一搅和，人们纷纷购食，生意好得出奇。此后，刘邦常乘鼋过河食肉。樊哙恼鼋助刘，乃杀鼋与狗肉同煮，不料狗肉更香。等到鼋肉用罄，更用其汁煮狗肉，滋味不减，甚受欢迎。因此，沛县狗肉，一名"鼋汁狗肉"。待刘邦平定天下，樊哙封舞阳侯，乃将鼋汁老汤传给其侄，世代相承不替。其七十六世孙樊怀且在日军攻占沛县时，只携一罐传家宝"鼋汤老汁"逃难。而今，樊家子孙仍以屠狗为业，在沛县的二十四个乡镇，皆有狗肉摊。不过，当地目前所用的鼋汤，指的是"原汤"，也就是陈年的老汤。

沛县狗肉以凉食为主，食时用手撕而不用刀切。原来刘邦恼樊哙宰杀老鼋，便取走切肉之刀，且以亭长之"尊"，命他不准用刀。樊哙无奈，只好用手撕碎狗肉出售，故"沛县狗肉不用刀"的吃法，一直流传至今。另，当地狗肉的烧法，系刘邦的御厨所传下，其法为：先将整只狗用硝腌制一宵，去其土腥，接着斩大块入锅内，加五味、香料等，以大火烧沸，文火焖烧数个时辰，取出拆骨，放置凉后，撕条食用，一名"五味狗肉"。它以颜色鲜亮、清香扑鼻、食之韧而不腻著称。历史学家逯耀东颇心仪此味，曾在徐州等车回上海时，"买了一斤，蹲在路旁杂在候车的人潮里，吃了"，如此猴急，定属佳味。

公元前 195 年，汉高祖刘邦平定淮南王英布之叛乱，返京途中，经过沛县故里，宴请家乡父老，以御厨亲炙的狗肉佐酒，酒酣耳热之余，击筑高歌，赋《大风歌》一首："大风起兮云飞扬，威加海内兮归故乡，安得猛士兮守四方！"慷慨伤怀，"泣数行下"，成为千古绝唱。两千年后，有位以喜食狗肉而闻名的军阀张宗昌，人称"狗肉将军"。据说他在山东军务督办任上，印有一本《效坤诗钞》，内有一首改写的《大风歌》，云："大炮开兮轰他娘！威加海内兮归故乡，安得巨鲸兮吞扶桑！"出语鄙俗，倒也有点气魄，因而喧腾中外。此乃后话，暂且不表。

王莽篡位后，身为宗室的刘秀起兵讨伐，终有天下，此即汉光武帝。话说有一次兵败，刘秀落荒而逃，单枪匹马，辗转来到今河南鹿邑县试量集附近的一间破庙里，此时饿得发慌，瞥见门外有只刚被人打死的狗，便偷偷地拖入庙内，找来一个锅子，剥皮斩块煮食。待自己吃饱后，将余肉拿去集上出售。由于烹调得法，狗肉又烂又香，很快就卖完了。他得到些盘缠，立刻纵马归队。等到刘秀登基，难忘此一食狗奇缘，曾在宫中受用。从此之后，试量集所卖的狗肉自然身价倍增，远近驰名。

魏晋南北朝时期，食狗之风仍炽。最有名的烧狗肉，出自崔浩的《食经》，名"犬䐹"。其制法为："犬肉三十斤，小麦六升，白酒六升，煮之，令三沸。易汤，更以小麦、白酒各三升，煮令肉离骨。乃擘鸡子（蛋）三十枚，着肉中。便裹肉，甑中蒸，令鸡子得干，以石迮（压）之。一宿出，可食。"观其制法，系用狗肉、鸡蛋和小麦、料酒卤制后凝结而成。成菜以汁浓而凝、肉酥而鲜、爽滑可口、风味独特著称，它也是冷切而食，与今之肴肉、冻羊羔之吃法无别。

至唐宋间，吃狗风气骤减，一方面与佛教有关[1]，另一方面则是据宋人朱弁《曲洧旧闻》的记载："崇宁（1102—1106）初，范致虚上言，'十二宫神，狗居戌位，为陛下本命。今京师有以屠狗为业者，宜行禁止'。"于是宋徽宗下令禁绝。从此之后，"狗肉不上席"，仅明人宋诩在《宋氏养生部》中载有"烹犬""爁犬""煨犬""腌犬"等。以上诸法，虽由"习知松江之味"且"遍识四方五味之宜"的宋母朱太安人"口传心授"，但可确定当时狗肉已不吃香，以至其他的食籍甚少提及。

然而禁归禁，爱吃狗肉的却不乏其人。其中最有名的例子，分别是宋朝人滕达道以及清朝人郑燮，皆有事迹流传。

话说滕达道在未发迹前，曾在一僧舍读书。夜间饥寒，想吃烹犬，于是盗僧之犬烹食。僧人告到郡守处，郡守素知滕达道之才，于是命他作赋，并说："你能作《盗犬赋》，就释放你。"滕一听大喜，当即赋云："僧既无状，犬诚可偷。辍梵宫之夜吠，

1　佛经认为狗极污秽，不应食用。

充绛帐之晨馐。搏饭引来，喜掉续貂之尾；索绹牵去，惊回顾兔之头。"郡守听罢大笑，即不问其盗犬之罪，让僧人大呼倒霉。

郑燮，号板桥道人，有"三绝诗书画"之称，为扬州八怪之一，也是个嗜狗肉之辈。他的画"体兼篆隶，尤工兰竹"，是市场上的抢手货。然而，清高自重的他，凡富商大亨，只要素行不端，就是出重金购画，他也不屑一顾。但他自谓狗肉特美，便是贩夫走卒有人请他品尝此味，他必作幅小画回馈，时人传为美谈。

当时扬州有一风评不佳的盐商，喜欢其画却求之不得，虽辗转购得几幅，终以无上款而不光彩。于是他针对郑板桥的弱点，想了一个妙计。一日，板桥出游稍远，闻琴声甚美，乃循其声寻访，见竹林中有雅洁院落，入门后，望见一人须眉甚古，端坐弹琴，旁有一童子，正在煮狗肉。板桥大喜，径对老人说："你也爱吃狗肉吗？"老人回道："百味唯此最佳，你也识得好味，就请一起品尝。"二人未通姓名，即大吃大嚼起来。吃罢，板桥见其墙上空荡荡的，便问："为何没有字画？"老人故意吊他胃口，说："没有够水平的，听说这里有个叫郑板桥的，很有名气，但我未见其画，不知真的好吗？"搞得郑板桥跃跃欲试，笑着说："我就是郑板桥，能为老兄作些字画吗？"老人接着道："好啊！"乃出纸若干，板桥一一挥毫。画完之后，老人说："贱字某某，可以落款。"板桥迟疑一下，说："此乃某盐商之名，老兄怎么也叫这名字？"老人便说："老夫取此名时，那盐商还没出生，同名又何妨？何况清者自清，浊者自浊。"板桥遂不疑有他，一一署款而别。

第二天，盐商宴客，特地请知交邀请郑板桥。板桥望见四壁皆悬自己的作品，仔细一看，都是出自昨天的手笔，才知道那老人是受盐商的指使，方知受骗，追悔不及，也无可奈何了。

俗谚中的香肉

而今，除了吉林省的朝鲜族，粤、桂、黔一带，依然盛行吃狗肉。老广尤其喜爱，将它称为"香肉"，并有"伏狗冬羊""夏至狗，无路（处）走"以及"狗肉滚三滚，神仙企（站）不稳"等俗谚。另，清代《广州竹枝词》中有人咏道："响螺脆不及蚝鲜，最好嘉鱼二月天。冬至鱼生夏至狗，一年佳味几登筵。"可见广东人早年不但爱在三伏天吃狗肉[1]，且狗肉是可上筵席的，这与中原一带以往把狗肉充作隆冬食补之品，是有很大差异的。

又，关于夏至杀狗，乃战国时期的习俗，载之于《史记》。

1　而今秋末亦食。

当秦德公初即位，次年六月，天气酷热，他便把盛夏的日子定为"三伏"，让王公大臣隐伏避暑。可是百姓照样劳作，冒烈日，顶风雨，往往中暑，加上天时不正，疫病流行，夺走不少人命。由于无知，百姓却认为是鬼神不佑，妖邪作祟。秦德公只好按传说行事，下令杀狗御蛊。因为狗为"阳畜"（金畜），能辟不祥。于是后世人上行下效，在夏至初伏时纷纷杀狗，并将其肢解，悬挂在城门上。此即"秦德公始杀狗磔邑四门，以御蛊菑（灾）"。待夏至杀狗约定俗成后，善食的广州人自然借题发挥，乃将原本的目的，转化为大快朵颐、口腹之惠。然后总结出"冬至鱼生夏至狗"的食经，再概括成"鱼生狗肉——不请自来"的歇后语，实在很有意思。

另，中国当下的著名狗馔，除先前提到的江苏"沛县狗肉"、河南"试量集狗肉"外，尚有广东的"腊味狗""狗肉煲""雷州白切狗""沙井炖乳狗"，海南的"火锅狗肉"，安徽的"宿州卤狗肉"，以及广西的"灵川狗肉""花江狗肉""铅山狗肉"等，均有浓郁的地方特色风味。除此之外，吉林还有"狗肉席""狗肉补身汤"和"拌狗肉脆"（用狗的心、肝、肚、肠、腰等煮熟切片，配料拌成）等名肴。

狗肉纤维细腻鲜嫩，号称有羊肉的嫩、兔肉的香、鸡肉的鲜美，以仔狗入馔最佳。在制作时，最宜用砂锅炖、焖，质地酥烂，肉香汤醇，亦可煨、煮、烧，还能卤煮拌食。但狗肉通常有一股土腥味，须在加工烹调时除去。其法一般是把狗肉放在清水中浸泡数小时取出，再用清水充分洗净，投入沸水锅内，加姜片、葱段、花椒、黄酒等料煮透即可。而为使味道更美，也可在烹调中或烹调后，加些蒜泥、辣椒酱等；至于蘸食，加腐乳汁，甚能提升风味。

此外，1936年《北平晨报》刊载的《漫话狗肉》一文讲："只有两广人才懂得狗肉的异香美味，现在每逢秋后，酒家、饭店以至街边大排档，皆有狗肉煲上市。"事实上，早在先秦时期，《礼记·月令》即有"孟秋之月……天子……食麻与犬"的记录。何况狗肉除含有蛋白质等一般性营养成分外，还含有嘌呤类和肌肽及钾、钠、氯等物质，且依化学分析，狗肉中含有多种氨基酸和脂类，含热量甚高，故一直为嗜狗肉人士的冬令进补佳品。

中医一般认为，狗肉味甘、咸、酸，性温，有安五脏、轻身益气、宜肾补胃、暖腰膝、壮气力、补五劳七伤、补血脉等功用。由于狗肉性温，带燥热，多食上火，生痰发渴[1]，故凡阳盛、火旺者不宜食用。如中其毒，清代名医王士雄在《随息居饮食谱》

1　此症候叫中狗肉毒。

谓："杏仁解之。"倒是对症下药。此外，狗肉中常含有旋毛虫等有害寄生虫，烹调时最好不要爆炒，一定要煮至熟透，以防感染。又，疯狗之肉，绝不可食。

中西食狗观念大不同，以致闹了个超级笑话。1897年，李鸿章衔命访英，曾与他并肩作战的戈登[1]赠以爱犬，纪念往日情谊。不料隔几天后，收到李的谢函，上面写着："感谢您的厚意，这狗的肉好吃，我可吃了不少。"此事马上轰动伦敦，英人纷纷引为笑谈。其实，这正是文化上的差异，如就这位中国权倾一时的钦差大臣而言，食狗古已有之，何必大惊小怪！

近年来，台湾全盘接受欧美人士禁食猫狗之议，已规定禁止食狗肉这令许多早年嗜食狗肉之徒，扼腕不已，徒呼负负。有人认为可食之肉甚多，狗既忠诚且殷勤，何必非吃它不可？这尚言之成理。但有人则认为吃狗肉是野蛮的行为，甚至把欧美那套野生动物的灭绝，全归咎是中国人好吃，结果以此为理由，予以挞伐及妖魔化，达成禁止国人传统上吃狗肉之目的，实在引喻失义，直让人觉得不知从何说起。毕竟各民族因土宜而食，本无高下之分，只是受风土、习俗、禁忌、烹饪技术之限制，以致所食之物种，基本上是不同的。我原也吃狗肉，并

1　曾率领常胜军攻伐太平天国。

且笃信"一黑、二黄、三花、四白"之说，不论白煮、红烧或火锅，曾试过不少，后来之所以戒口，并非为后一说所囿，而是十余年前，在澳门的老市集，尝过一用黑仔狗烧制的狗肉煲，汤浓醇而肉绝嫩。食毕以唐生菜涮汁再品，满口芬芳，不能自已，心想此生难再，于是自动禁口，而且绝不遗憾。唉！人生在世，曾享尤物，夫复何求！

全鸡登盘真精彩

　　犹记得早年看过一则有关鸡的札记，内容生动有趣，读来挺有意思。原来主人请客，端来一只全鸡，客人面面相觑，不知如何下筷。有位客人自告奋勇，站起来说："小弟不才，自愿代劳，为诸公分鸡。"于是他先将鸡头夹给主人，说声："愿您独占鳌头。"顺势把鸡翅分给甲客，笑称："愿您鹏程万里。"接着卸下鸡胸肉，放在乙客盘内，祝他"胸怀万丈"。然后将鸡屁股分给丙客，贺他"底定乾坤"。末了，则将鸡腿纳入自己盘中，大声嚷道："小弟不及各位德高望重、才高八斗，只能替大家跑跑腿。"善诵善祷，顺理成章，举座欢然称妙。

最重要的禽畜类食材

鸡属鸟纲，鸡形目，雉科，原鸡属，乃禽畜类最重要的食材之一。而当今广泛饲养的家鸡，其起源分别是红色原鸡、蓝喉原鸡、灰原鸡和绿原鸡。一般认为红色原鸡，应为现代家鸡的始祖，主要分布于中国的云南、广东、广西南部、海南岛和印度，而在东南亚一带，亦有零星分布。

中国是全世界最早驯养鸡的国家，中国人也对鸡料理独具心得，手法推陈出新，令人叹为观止。早在公元前一千多年的甲骨文中，就已见到"鸡"字。商周时期，鸡被列为"六畜"之一，在古文献中，亦有"鸡羹""露鸡"及齐王好食"鸡跖（爪）"等记载，足见源远流长。

以鸡入馔，除毛、骨外，鸡冠、鸡爪都可成菜，即使是下水（即内脏），也能化成道道美味，引人垂涎。每在过年当儿，都是全鸡上桌，即使斩件拼盘，亦得拼成原形。不管是拜拜（祈福）或祭祖，唯有如此，才象征着吉祥如意。

全鸡造型菜风貌不凡

而今在台湾，全鸡造型菜在餐桌上最常见到的，分别是"白斩鸡""盐焗鸡"和"当红脆皮鸡"等，且在此叙述其由来及本末，让看官们了解其风貌和不凡的滋味。

上海名馔"白斩鸡"，一名"白切鸡"，亦即清人袁枚在《随园食单》内所称的"白片鸡"，并将之列于书内《羽族单》之首，云："肥鸡白片，自是太羹、元酒之味，尤宜于下乡村、入旅店，烹饪不及之时，最为省便。煮时水不可多。"由于此书撰写于清代乾隆、嘉庆年间，"白片鸡"早已是全大陆均有的菜肴，孤悬于海外的台湾府，自不例外。且特爱食鸡的广东人，号称"无鸡不成席"，整治此馔尤精。目前台湾的"白斩鸡"，当以客籍人士最擅制作，其渊源则由粤北的东江地区传来。

通常在制作"白斩鸡"时，宜选未产蛋的小母鸡（约两斤重，如用三黄鸡，则以三四斤者为佳），将之宰杀治净，去内脏，揩干，再放入微沸的水中浸烫，需反复提起数次，倒出腹腔中的汁液，使其内外受热均匀，以鸡肉刚断生为度。取出之后，可用芝麻油涂匀，俟色泽油亮即成。其妙在外观澄黄油亮、皮爽、肉滑、骨软，原汁原味，鲜美甘香。临吃之际，再斩块蘸调味汁。既可整只鸡或半只鸡拼成一盘，亦可只选取鸡腿肉部分拼盘再食。

粤菜大厨在制作"白斩鸡"时，必以广东清远所产的石角矮脚鸡为上选。此鸡具有头细、脚矮、身短、骨软的特点，只要烹调得宜，滋味鲜美异常。相传已故的日相田中角荣，年轻时曾光临香港的"茂源鸡行"，尝过其毕生难忘的"白切鸡"，即使就任首相，仍常提起这档子事。该鸡行的老板乃清远人，其所选用之鸡，自然就近取材。20世纪70年代初，田中氏以首相之尊亲访中国，当然备受礼遇。国务院总理周恩来知悉此奇缘后，为满足贵客之需，特地派专人赴清远的"洲心公社"，挑了数百只好鸡，马上空运北京，制作鸡肴招待。田中感动不已。留下一段佳话。

"食在广州"虽是20世纪二三十年代的往事，但流风所及，广州人至今爱食如故。只是传统的做法已无法满足这些刁嘴客，各餐馆在时势所趋下，无不使出浑身解数，先后出现一些别出心裁的"白切鸡"，高潮迭起，在20世纪80年代攀至顶峰。如按时间排列，它们依序是"路边鸡""清平鸡""姜葱鸡"，以及重整旗鼓后再出发的"洪寿鸡"，众妙纷呈，好不精彩。

"路边鸡"的起源甚早，可追溯至20世纪50年代，当时一个名叫谭裔的小摊贩，在广卫路"为食街"里开了个名为"九记"的夜宵档，专营"白切鸡"和粥、面。由于他制作出来的鸡皮色油亮、原味丰厚、肉质嫩滑，吸引了不少粤剧名伶光顾。有天晚上，文觉非、吕玉郎、靓少佳等名伶在卸妆后，相约到此吃夜宵。当他们瞧见几位下夜班的劳工朋友，个个买鸡蹲在路边吃得津津有味的样子，突然灵机一动，建议谭老板命名为"路边鸡"。此招牌挂出后，立刻轰动羊城，食客络绎不绝。

"清平鸡"是"清平饭店"的招牌菜，盛名迄今不衰。该饭店于1964年创立，起初只是个小饭馆，专卖"白切鸡""油葱鸡""蒸鸡""一鸡三味"等菜肴。1981年，饭馆提升档次，变成三层的酒楼，为求一炮而红，经理邵干和主厨王源等人经一再研究后，决定将拿手的"白切鸡"和"蒸鸡"结合，制作一款前所未有的鸡肴。于是研发出一种以白卤水取代清汤、以原鸡汤代替冷水且采用"白切鸡"传统工艺的鸡馔，不仅皮爽肉滑，而且味透骨髓，好到出人意料，四方食客闻知，无不慕名品享，生意蒸蒸日上。

"陶陶居"为广州老字号酒楼，早在康有为创办"万木草堂"之初，即为其撰写招牌，时为1890年。如此老店，却无独树一帜的鸡肴，乃憾事一桩。1979年初，酒楼经理张桂生应食客的要求，便与主厨李海商议，以"白切鸡"为基础，试制一款鸡肴，以上汤将鸡浸熟，再用冷却的上汤把鸡过冷，务使鸡能皮爽肉滑，同时浓郁鸡的香气；接着将鸡片妥上碟后，在其表面铺上姜蓉、葱丝，并用滚油浇淋，让葱、姜味渗入鸡内，最后以上等生抽、白糖等与上汤调味煮沸，临吃再淋于鸡面。由于热气腾腾、醇香味厚、爽滑可口，格外诱人馋涎。消息不胫而走，引来无数老饕，遂使"陶陶姜葱鸡"名噪省城，声彻岭南，誉满南洋。

"洪寿鸡"之雏形出现最早，20世纪30年代末，即见其踪迹。其时带河路有家"奇卖饭店"，专售鸡、鹅和腊味饭。店主王根做的"白切鸡"皮爽肉鲜，尤美不可言，为了自创品牌，乃命名为"奇卖鸡"，红极一时。1984年，王根的晚辈余秀霞在洪寿街续起炉灶，着意恢复"奇卖鸡"。为求更胜往昔，便以花椒、八角、沙姜、陈皮、丁香、甘草、罗汉果等制成白卤水，先加温至九十摄氏度，再注入适量的黄酒做成汤料，代替清汤浸鸡，俟鸡断生，即用冷开水过冷，然后再把鸡置原汤内，慢浸入味，使之深入骨髓，以鸡香浓郁醇馥、汤有回味著称。此鸡经推出后，市场反应空前，因有别于原先的"奇卖鸡"，遂易名为"洪寿鸡"，四方慕名的食客，竟多如过江之鲫。

广州式的"白片鸡"或"白切鸡"，其变化已如上述，接下来要谈的，则是上海式的"白斩鸡"。

上海佳肴"三黄油鸡"，俗称"白斩鸡"，始于清末，由浦东地区的土菜"余鸡"改良而成，乃一款下酒佳肴。起先制作者为"正兴馆"，店家在选料及制作上皆颇费心思，专用爪黄、嘴黄及毛黄的上好"浦东鸡"，余熟切块，再拼成整鸡上桌；旋以五种不同颜色的调味盘，环列成梅花状，造型着实美观，入口则皮脆肉嫩，滋味远异凡常。这道菜甫经推出，备受饕客欢迎。不仅餐馆群起效仿，熟食店也纷纷出售，于是广为流传，成为上海珍味。不想百年之后，居然摇身一变，成为宝岛最响当当的家常菜。

"三黄油鸡"在选材上，必须用活的浦东鸡为食材，而今在台湾，能用到放养鸡便佳。其制作的方法亦各有不同，一般为将宰杀去内脏而洗净的光鸡，入锅中以滚水略烫，让鸡皮紧缩，接着加葱、姜、绍酒煮至断生再取出，放滚水中稍浸即起。是否要抹擦麻油，悉听君便；蘸料亦可依个人喜好，任意搭配而食。简单方便，开胃生津，宜饭宜酒，四时皆可常享。

早年上海当地，以"马永齐熟食店"所烹制的"三黄油鸡"最负盛名，顾客盈门，至今仍是该店名品。现则以"小绍兴鸡粥店"后来居上，食客如织。

美味全鸡何处享

台北的"白斩鸡"，起初由"秀兰小馆"独擅胜场，待"四五六上海小馆"的"三黄油鸡"异军突起后，即取而代之，进而领袖群伦，莫与之京。

接下来要谈的是粤菜珍品，也是客家传统名菜的"盐焗鸡"。

如追溯其本源，应由"盐腌鸡"演变而来。

据《归善县志》记载，距今三百多年前，今惠州市、惠阳区和惠来县一带的沿海，有一大片盐场。原先只是当地的盐工们，将熟鸡以纱纸（又称桑皮纸）包好，直接放入生盐堆内贮藏。不料经盐腌过的鸡肉，别有盐香味，且随要随取，食用极方便，遂广为流行。然而，盐腌须掌握时间，过与不及，味均不美。

清代中叶之后，归善盐业兴旺，大批客商拥至，盐腌之法供不应求，当地一些菜馆的厨师在几经改良后，改腌为焗，现焗现吃。由于色呈金黄，加上皮嫩骨香，风味甚为诱人，立刻遍传远近，成为席上佳肴，备受食客好评。

20世纪20年代初，"兴宁食肆"所售的"盐焗鸡"，炉镬置于门外，将处理好的嫩鸡[1]埋入镬中已烧至相当高温的粗盐堆内，焗约一炷香的时间，待鸡熟透，即行取出，拆骨斩块，以调味汁拌匀，堆放盘中，砌成鸡形，再以香菜围边。其味鲜美，具熟盐之芳香，且有滋补、益肾、安神之效，由是载誉东江。只是那个年代的"盐焗鸡"，并未冠以"东江"二字，直到兴宁人到惠州开饭馆子，为了有别于"西江"，才在"盐焗鸡"

---

1 选快下蛋、约斤把重的肥嫩母鸡，宰杀洗净，去内脏、趾尖及嘴壳，先在翼腹两侧各划一刀，颈骨上剁一刀，晾干，用精盐擦匀鸡内腔，并放入姜、葱、八角末，以纱纸包严，再裹一层油纸。

菜名之上，嵌上"东江"二字。从此之后，凡是在粤东卖客家菜的店家，无不通称"东江菜馆"。

而今广州市各大酒楼所制的"盐焗鸡"，已非传统的盐焗法，而是采用速成的水浸法。有人认为此乃"假货"，不屑食之。不过，此鸡之所以由盐焗法改成水浸法，据"北园酒家"已故采买张流生前的讲述，其中确有一段来历，说起来还真有其难言之隐哩！

话说20世纪30年代中期,位于中山四路城隍庙附近的"宁昌饭店"（现"东江饭店"的前身），以擅烹"盐焗鸡"著称。当时各界在此设宴者，打头阵的美味，非"盐焗鸡"莫属。说来也凑巧，当时市府公安局陈塘分局的李姓警察，职位虽甚低，但恶形恶状，令人畏而厌。他因地利之便，经常光顾"宁昌"，到来之前，必先打电话预订一只"盐焗鸡"，最要命的是，鸡准备好后，他却常爽约，造成的损失又概不负责。店主即便满腹牢骚，也只有自认倒霉，拿他莫可奈何，深以"人在屋檐下，不得不低头"为苦。

某日，他事先打个电话，预订一桌酒席，并要了份"盐焗鸡"，言明晚上7点会同主客一起到，店主照例备办妥当。不料10点已过，不见半个人影，为了不致赔本，店主乃趁还有人用膳的机会，把鸡推销出去。谁知就在此时，李陪主客到来，马上催菜开席。店主惊慌失措，赶忙跑去厨房，把大伙儿找齐，商量如何应付。厨师灵机一动，请老板稳住李，他则变个花样，但求蒙混过关。店主十分无奈，只盼能够应急，乃吩咐多焗制一只"盐焗鸡"备用。没过多久，"水浸鸡"告成。店主即对李某等人吹嘘，表示今夜头道菜的"盐焗鸡"，将改头换面，采用新法制作，请他们免费品尝，并请提宝贵意见。而那只依传统焗制的，最后才会上席，务请包涵云云。李某一听，挺有面子，心中甚喜。

"水浸鸡"虽完成，但来不及晾凉，更等不及下刀，随即以手扒开撕条，拌些许天厨味精、淮盐，取骨垫底，肉置其上，砌成鸡形，佐以沙姜、麻油、盐等味料，端出登席荐餐。李某等人一尝，感觉分外嫩滑，啧啧称赞不已，并说最后那只，也照此法烹制。店主听罢大喜，总算松了口气。自此之后，李某每到"宁昌"吃饭或请客，非得"水浸鸡"不可。消息一经传开，他店纷纷取法，"水浸鸡"遂当红，进而取代传统焗法，一直沿用迄今。

传统的"盐焗鸡"毕竟非同小可，仍保有其市场，其所用的配料，为姜、葱和汾酒，还会用生抽涂在鸡皮上，使其色泽金黄，更增美艳之姿。大体而言，行家嘴刁，偏爱传统。目前尚坚持传统焗法的，首推广州市的"荔湾酒家"。其所用之鸡，必用清远的。而在制作时，整治鸡毕，即将粗盐¹炒至淡红色，接着将鸡身侧放砂锅中，用盐密封；先焗十五分钟，待盐的温度下降后，再把盐炒至一定温度，反转鸡身，再焗约七分钟。虽工序繁复琐碎，但因鸡受热均匀，色香味俱全，博得行家好评，深受饕客喜爱。

另，广州市的"海珠花园酒家"，则以盒装"东江盐焗鸡"而驰名中外。此鸡因特别甘香嫩滑，甚受食客欢迎，经常要求外带，但只用薄膜背心袋包装，望之粗糙不堪。一日，有位来自香港的人士，特地携来一只自备的硬盒及瓷碟，装起来颇别致。师傅反映上去，经理觉得不错，便设计了一个粉红边透明塑料硬盘，方便将鸡上碟造型。顾客带回家后，只需取去外盒，即可直接食用，因而普受欢迎，成为伴手礼品。可见稍动点脑筋，就会有意外效果，盒装"东江盐焗鸡"之所以能成功，其原因即在此。

此外，由"盐焗鸡"演变出来的美味，尚有"胜利宾馆"的"盐香鸡"，以及"陶陶居酒家"的"滋补盐炖鸡"。前者走红于20世纪50至70年代，为该宾馆的压席菜，以皮爽、肉滑、清香及微辣而有名于时，能令人胃口大开。后者则于1987年

1　一只鸡用八斤盐，只能重复使用三次。

所举办的美食节时，由酒家的特级厨师刘坤创制。他先以粗盐撒盖于鸡上，再用武火隔水蒸炖的手法，烹制此款比传统"盐焗鸡"更饶风味的佳肴，并赢得 20 世纪 80 年代羊城饮食业中最成功的创新鸡肴之誉。其成功的奥秘，在于保持鸡的原汁原味，吃时不用作料，入口鲜嫩爽弹，味道异常甘美，再加上它号称对人体有"固肾培源，滋补养颜"的作用，故食客蜂拥而至，盛名至今不坠。

看来"盐焗鸡"由水浸法开始，不断加入创意，形成种种风貌，各有特殊珍味，让人欣喜不胜。

早些年台湾餐馆所制售的"盐焗鸡"，我吃过的，以台北市沅陵街老字号的"新陶芳菜馆"最棒，但需趁热快食，才能尽得其妙，可惜现已歇业了。另，上海式的腌鸡，类似于水浸法，皮爽、肉滑、骨香，需冰镇后再食，才能领略风味。位于永和市文化路的"上海小馆"，其冷盘的腌鸡，纯用鸡腿肉，乃其中上品，以白干或黄酒佐之，夹起痛快落肚，不消多说，那滋味保证开胃开怀。

除上述的拼鸡外，油炸之法，是由中亚经西域再传入中土。早在唐代，"郇厨"的"葫芦鸡"，便冠绝一时，迄今仍为西陲名馔。若论起当下整拼的炸鸡，必以"炸八块"及目前当红的"脆皮鸡"为首选，且略述如下。

所谓"炸八块",又名"炸八件"或"灼八块"。据爱新觉罗浩所著《食在宫廷》的讲法:"这个菜是山东菜,明朝末年传入北京。北方的菜馆中,一般都有这个菜。因此,'炸八块'往往也被看成是中国的常见菜。……此菜为时令菜。每年七、八月的雏鸡,正是最可口的时候,极适做'炸八块'。此菜趁热食之,别有风味。"我曾翻阅清宫的《节次照常膳底档》,发现乾隆四十四年(1779)五月至十月间,御膳房常供应此馔,足见爱新觉罗浩之言不虚。

一般来说,"炸八块"乃是将鸡治净,剁去头、爪,然后分解成脖、两翅、两腿、胸脯、脊背(中间断开)等八块,挂上调好的糊,待炸透呈金黄色,即行捞出,沥尽油分,按鸡的原形,码入盘内即成。

台湾早年的江浙馆子,经常供应此馔,近则不再流行,已罕见其踪迹,可惜亦复可叹。至于"脆皮鸡",乃"炸八块"的粤菜版,十至二十年前,港式海鲜餐厅在台湾盛极一时,此菜以卖相极佳,加上口感不错,一度成为宴席的宠儿,通常在终席前推出。我还曾在一个月内,吃过好几回哩!

"脆皮鸡"所用的食材,并不是雏鸡,而是用重约两斤的光鸡,先以麦芽糖和醋处理过,俟整个干透,再炸并油淋,成品皮极酥脆且肉嫩多汁,一直是老少咸宜且下酒佐饭的佳肴。

台、港、澳有些店家所制作的脆皮鸡，风味和口感均属上乘，但排列时较马虎，甚至拼不成个鸡形，以致视觉效果大打折扣，未免美中不足，确有成长空间。

我甚爱食位于新店市中华路"五福小馆"的脆皮鸡。除皮爽肉润外，其形状及口味俱佳，价钱也不贵，真是物美而廉，每酌白酒，即思此一尤物。

将原鸡斩件拼盘，既考验着司厨者对火候的拿捏，亦看得出刀工纯熟度与拼形的巧构妙思。每当逢年过节或聚餐之时，姑不论白斩、盐焗或油炸，只要料理得宜，保证尽兴而食，甚至可博得个满堂彩喔！

鸡用撕的超美味

在四五年前，我曾赴伊朗一游，增长不少见闻。接连数日，均行沙漠，浩瀚无际，十分壮观。其于饮食部分，则单调而乏味，三餐所吃的，没多大变化，只是精粗有别而已。最后来到伊斯法罕，它是伊朗第三大城，曾是多个王朝的首都，人文气息极浓，建筑亦甚可观，沿河二十余桥，造型各有面目，很能引人入胜。当天吃罢晚饭，自个儿去逛街，发现一烤鸡摊，飘着阵阵香气。随即买下一鸡，回到房间，自扒自食，那股快乐劲儿，足消旅途劳乏。可惜伊斯兰国家禁止饮酒，不然就更尽善尽美了。

扒撕鸡肉，汤汁淋漓好不过瘾

有段时间，台湾电炉烤鸡当道，号称为"手扒鸡"，流行好一阵子，但见食客纷纷戴上塑料手套，将烤鸡扒开，再撕下来吃，汤汁淋漓，鸡香四溢，好不过瘾。谁知流行一阵子后，突然销声匿迹，现已无处可寻，莫非蚀本难续？

当下还能吃到的窑烤鸡，随车兜售，买回家后，亦撕来吃。这玩意儿与北京的"锅烧鸡"，有异曲同工之妙。清人严辰《忆京都词》有一首名《桶鸡出便宜》，云："衰翁最便宜无齿，制仿金陵突过之。不似此间烹不热，关西大汉方能嚼。"其下注云："京都'便宜坊'桶子鸡，色白味嫩，嚼之可无渣滓。"他所谓的"桶子鸡"，梁实秋疑系"童子鸡"之讹，因制作此味，要那半大不小的嫩鸡方合用。

关于"桶子鸡"的做法，梁氏指出："整只的在酱油里略浸一下，下油锅炸，炸到皮黄而脆。同时另锅用鸡杂（即鸡肝、鸡肫、鸡心）做一小碗卤，连鸡一同送出去。照例这只鸡是不用刀切的，要由跑堂的伙计站在门外用手来撕的，撕成一条条的，如果撕出来的鸡不够多，可以在盘子里垫上一些黄瓜丝。连鸡带卤一起送上桌，把卤浇上去，就成为爽口的下酒菜。"所言大致不差，可看出其脉络。

我个人以为，全鸡不论用斩（含片、切）的抑或撕的来吃，各有美妙风味，但用撕来吃的鸡，必须熟透，才能应手而脱，味道亦极浓郁。基本上此一类型的名品，细数不尽，如归纳起来，不外烧鸡、扒鸡和熏鸡这三种，风味各臻其胜。

烧鸡腴滑香润

首先就从台湾最赫赫有名的烧鸡谈起。

我极爱吃烧鸡，只要能烧得好，才不管它是道口、唐山，还是符离集的。我所住的永和市，其在鼎盛时期，有"豫记"[1]"梁家"和"唐山"[2]这三家。前二者为道口烧鸡，风味各擅胜场，我亦偏爱前者。惜乎"豫记"几度换手，风味大不如前，"梁家"不知迁往何处，"唐山"早就关门大吉，昔日的三雄鼎立，而今却斯鸡憔悴，实令我不胜唏嘘。

几年之前某日，跑去"天津卫老米食堂"，特地吃"虎皮猪脚""坛子肉""干烧鱼头"这几道拿手菜，赫然发现菜牌上有道"天津烧鸡"，饶是我见多识广，仍丈二金刚——摸不着头脑。忙请教老板兼掌勺的小米，难道天津亦有卖烧鸡？他则笑称："天津根本没做过烧鸡。当年家父和永和'豫记'的老板熟识，因有这层机缘，在他们举家迁美前，便学

1　食家逯耀东认为就台湾的道口烧鸡而言，"其味最佳"。

2　该店在台北的"中华商场"二楼，主要卖水饺、面条，兼卖烧鸡，但时有时无，要想吃到得靠运气。

会其不传之秘。由于自己的太太是天津人，为了标新立异，就张冠李戴地卖起'天津烧鸡'来啦。"谜题一旦解开，令我恍然大悟。

而今"豫记"的道口烧鸡，鸡仍腴滑香润，但其病为太咸，早非旧时味了。我听罢大乐，急切盘细品，确有当年"豫记"的味道。连两三次过年时，还会弄两只回家大快朵颐哩！

台湾道口烧鸡的业者，常挂在嘴边或写入店招的典故为：庚子之变，慈禧太后西狩，仓皇逃向西安，途经河南道口，当地臣民献上特制的烧鸡，慈禧食之而觉其味至美，乃指定为贡品。道口烧鸡之名，从此扬名中外。大陆方面的说法，与此出入甚大："清仁宗嘉庆年间，皇帝南巡路过道口时，闻异香而神振，随口问左右说：'何物乃发此香？'左右皆答：'烧鸡。'知县急将烧鸡献上。仁宗食罢觉得甚美，一直赞不绝口，称其为色香味三绝。从此，道口烧鸡正式成为清廷御用的贡品。"先不论其真相究竟为何，且听听《滑县志》和当地父老怎么说。

原来道口镇的烧鸡铺甚多，但以创业于清世祖顺治十八年（1661）的"义兴张"最负盛名。其"正宗"手艺的由来，居然还有一则轶事，倒非无的放矢，平白天外飞来。

乾隆五十二年（1787），"义兴张"的老板张炳，有一回在街头邂逅同乡姚寿山，姚曾任御厨，有两把刷子，张便请其传绝活，提升烧鸡技术。姚满口答应，告以十字秘诀，此即"想要烧鸡香，八料加老汤"。其所谓的八料，即陈皮、肉桂、豆蔻、丁香、白芷、砂仁、草果和良姜这八种作料。姚并详细介绍其做法和用量。至于那老汤，当然是愈老愈好，愈陈愈有味儿。张炳听罢，如获至宝，经如法炮制后，果然鲜烂味美，绝非凡品可及，因而大发利市。

然而，张炳并不以此自满，从选鸡、宰杀褪毛、开膛加工、撑鸡造型，到油炸、烹煮与火候掌控、用料用汤等方面，摸索出一整套经验，其色、香、味、烂，皆脍炙人口，号称"四绝"。临吃之际，只要提起鸡腿一抖，骨、肉即自动分离。此后，道口烧鸡声名大噪，世代相传[1]，迄今不减其盛，而且后势看好。

在整治及制作时，宰杀手法迥异凡常，须一刀割断三管（血管、气管、食道），控干鸡血。接下来的浸烫、去毛、开剥、晾晒等，均有严格要求，不能马虎偷工，最后再添入老汤，并配以祖传秘方，用铁箅子将鸡压住，先以武火烧沸，再改用文火焖制，历经五小时而成。其特点为造型美观，香烂可口，一抖即散，芳香馥郁。故先在1956年中国食品展上，被评为名产；1981年，再被评为商业部优质产品，销往北京、新疆、武

1　现为第八代。

汉、贵阳等地。现已有罐头及铝箔袋真空包装，销往海内外各地，所至之处，有口皆碑，信誉卓著。

至于小米的"天津烧鸡"，其做法及选料别出心裁，算是另类奇葩。他罕用斤把重的全鸡来烧，而是用四分之一带腿的硕大放山鸡烧制，极易卸去其骨，肉质软中带爽，切成片状而食，肉香浓郁四溢，略经咀嚼，淡而醇鲜，余味不尽，实为下酒、佐饭之妙品。让我扼腕不已的是，好酒的小米，因经营不善，现匆匆谢幕，自其歇业后，已不知去向。

其次的山东烧鸡，则自成体系，风头极健。

而今在台湾，卖此味的馆子很多，其口感几乎全是皮滑肉爽，颇富咬劲，未得正韵[1]。就我个人而言，山东扒鸡（亦名为烧鸡，实不尽相同），更深得我心，且其细嚼无渣滓、酥香透骨髓的滋味，会使人一吃即上瘾，好生难忘。

烫手扒鸡，大快朵颐

基本上，山东的扒鸡，以德州的五香脱骨扒鸡最负盛名，

---

1 唯一例外者，乃位于永和中兴街的"刘家小馆"，其烧鸡肉润而软，极饶风味，浇汁尤棒，用此伴其韭菜肉饺而食，堪称绝配。

其历史由当地开发成功（时为1905年）迄今，已逾一个世纪之久，纵非源远流长，也有段岁月了。

据后人查证，此鸡的雏形，乃山东禹城农民王明奎于1881年无意中发明。到了1905年，德州的"宝兰斋"开始进一步试制扒鸡，唯质粗形劣，上不了台面。六年之后，当地的"德顺斋烧鸡铺"掌柜韩世功等人，认真总结以往制作扒鸡的经验，并汲取禹城五香脱骨扒鸡的长处，经过精心钻研和不断改进，终于烧制出一款风味独特且前所未有的五香脱骨扒鸡来。上市之后，马上风靡全城，成为德州著名吃食，并与德州之皮薄、汁多、籽少、如蜜样甜的枕头西瓜齐名，号称双璧。是以搭乘津浦线火车者，只要经过德州，无不买只五香脱骨扒鸡吃吃，借此一饱口福。已故文学家兼美食家梁实秋如此，唐鲁孙亦然。

唐老曾在铁道部任职，自言他有一年从上海回天津，火车一过禹城，便"掏给茶役一块大洋，嘱咐他一到德州就出站给我买一只热扒鸡、两个发面火烧来。茶役知道我是部里人，多下钱来当然是小费，所以车停下来不一会儿，就给我拣了一只又肥又大、热气腾腾的扒鸡，还买来了火烧。他重新换了茶叶，酽酽地泡了一壶香片。撕扒鸡时还烫手呢！这一顿肥皮嫩肉、膘足脂润的扒鸡令人过瘾，旅中能如此大快朵颐，实在是件快事"。我见到此一精彩的描述后,不觉怦然心动,恨不得比照办理,好好地享用一番。

德州的五香脱骨扒鸡自做出名后,影响所及,已出现了两个分身,是否青出于蓝而胜于蓝,毕竟见仁见智,如未仔细品评,无法一言而决。不过,出自安徽省宿县(今为宿州市)的符离集烧鸡及上海市的侉子烧鸡,目前已和源自德州的本尊分庭抗礼、相持不下,似已形成鼎足而三的态势。

符离集是津浦线上的一个小镇,其烧鸡本名"红鸡",只是在烧制后,抹上一层红曲,并无特别之处。20 世纪 30 年代,有位管姓人氏,自德州迁居至此,带来五香脱骨扒鸡的技术,使红烧的质量显著提高,进而有自己的面目。是以火车甫一靠站,就有很多人兜着卖,乘客则买一只在车上慢慢撕着吃。已故知名食家逯耀东即表示:"我小时候跟家人乘车抵此,总吵着要吃烧鸡。"足见其盛况。

此烧鸡的独到之处,在于将鸡宰杀治净后,涂上饴糖,再用油炸,然后用十三种香料卤煮,以小火回酥即成。妙在香气浓郁,味道鲜美,肉烂而丝连,啃骨有果香,难怪备受行家青睐,已远销至南洋一带。1992 年,"福佳牌"符离集烧鸡还在香港举办的国际食品博览会上,荣获金奖,声名亦因而远播五湖四海。

台湾早年即有符离集烧鸡贩卖，店家打出"帝王鸡"的名号，开在忠孝东路上，或许因价钱太贵，生意始终未打开，后来还是沉寂了。比较起来，逯耀东喜食的符离集烧鸡，还是"在仁爱路屋檐下推脚踏车卖卤菜的老傅"。老傅是"地道皖北人，他的烧鸡的确有符离集的味道"。逯老甚至为他做保证，指出："我别无长才，唯对吃这一道，只要味道好，吃过一次后，事隔多年仍记忆犹新，所以我还能记那种味道。因此，我成了老傅常客。"可惜自老傅退休后，那硕果仅存的符离集烧鸡，在台北也变成广陵绝响啰！

上海名品"侉子烧鸡"，其原创人刘培义原本在徐州经营"德州五香脱骨扒鸡"的生意，后改赴上海发展。为了自创品牌，乃结合中国三大著名烧鸡（即德州、符离集与道口）之长处，形成自家风格，确有独造之境，深受食家推崇。此烧鸡除造型美观、肉质松软、清香不腻、味美爽口外，更以选料精、加工细、上色好、烧得透这四大特点而驰誉食林。

当下台中的"老关厨房"，即以山东扒鸡著称，其手法虽未臻"德州五香脱骨扒鸡"肉嫩骨酥、味道醇美、一经抖动骨肉即脱的最高境界，但其做工细、卤入味、焙得久、炸得匀、烂不糜等技艺，已庶几近之了，而其松脱腴软及酥香带脆的口感，尤扣人心弦。

此外，店家的山东烧鸡和四川椒麻鸡，亦脍炙人口，皆撕来吃。前者爽腴兼备，鸡香蒜香融合，搭配黄瓜而食，深奥且富风味；后者紧实有劲，时释花椒馨香，麻辣仍具鸡味，亦是开胃妙品。有趣的是，这三鸡既适合大嚼，同时亦宜小品，佐饮白干而食，更可得其风神。

末了的熏鸡，乃烧鸡、扒鸡而外的无上妙品，撕着下酒吃，品其烟香气，既勾人馋虫，且不亦乐哉！

熏鸡风味独具

中国最有名的熏鸡，分别是山东聊城的"铁公鸡"和广州的"太爷鸡"。前者用木屑熏，后者以茶叶熏，各有显著风味，赢得饕客赞誉。且为看官一一道来。

聊城的熏鸡，始于清嘉庆十五年（1810），首先创制者为县城北关的魏姓人家，故又称"魏家熏鸡"。到了清道光年间，因其风味独特，营销至浙、皖、赣、闽、粤诸省，成为当时人们的贵重礼品，得者视若拱璧，大享盛名迄今，实为食林谱下一页传奇。

1935年，萧涤非教授以此鸡招待名作家老舍。老舍见其色泽褐紫油亮，好像生铁铸成的鸡，不觉脱口叫出："铁公鸡！"

由于形神俱肖，而且生动有趣，此名很快传遍千里，走红大江南北。可见名人加持，大有助于营销。

此鸡在制作时，只选一年生的肥嫩童子（公）鸡。先宰杀治净，置清水中，稍浸即起，揩干水分后，直接窝盘成鸡形，于鸡身上糖色，放入旺油锅炸，一上色便捞起，随即摆进内含丁香、肉桂、白芷、砂仁、精盐等十余种作料的白卤水中，煮焖至熟。最后把鸡放在已燃着松、柏、枣木等锯末的铁锅中。盖上苇席锅盖，熏上四个小时，即可大功告成。

"铁公鸡"直接品尝固然不错，但蒸过后再享用，尤有特殊风味。知味之人，绝不用刀切块，而是用手撕着吃。撕成一条条的，干香突出，柔中带韧，愈吃愈有味儿。

和"聊城熏鸡"齐名的，尚有山东"禹城熏鸡"与辽宁的"沟帮子熏鸡"。它们一直是北地胭脂（即深色系）的代表作。

在南国佳丽（即浅色系）中，"太爷鸡"堪称独步。原来在清末时，籍隶江苏的周桂生，曾担任广东省新会县的县令（即县太爷）。辛亥革命之后，他丢了乌纱帽，跑去广州糊口，为了维持生计，开了家小饭馆，专卖独门熏鸡（用广东的信丰鸡制作），颇受食客欢迎。为标新立异，他悬挂"周生记太爷鸡"的招牌，吸引识味之士，时称"广东熏鸡"或"太爷鸡"。一时之间，省城及港澳的餐馆、排档，纷纷仿效其法，竞相推出"太爷鸡"，造成一股风尚，蔚为食林奇观。

20世纪70年代，此熏鸡曾沉寂一段时日。直到1981年，周的曾外孙高德良重操旧业，再设"周生记"食摊，"太爷鸡"因而重见天日，大受岭南及港澳地区食家的好评，谓其古风再现。

目前制作"太爷鸡"的手法为，活鸡宰杀洗净，入沸水中略焯，取出置入精卤水（即新卤水与老卤水制）内，以大火煮半小时，至八成熟时取出。铁锅内铺上锡纸，放些香片茶叶、广东土制的片糖屑（即黄糖粉）、米饭，再将鸡架于锅架上，密封锅盖，大火熏至冒黄烟片刻即成，以色泽带红、光洁油润、肉嫩醇香而见重于食林。

台湾最擅制作熏鸡的店家，早年也只有台北信义路的"逸华斋"一处，质味俱佳，"价钱也很豪华"。后来其伙计自立门户，在忠孝东路开了家"仿逸斋"，传承其艺。"逸华斋"后易名为"信远斋"，仍以熏鸡大享盛名。十余年前，此鸡色呈枣红，皮滑肉嫩，骨髓带香，味醇而正，即使售价特昂，我亦常去品享。而今业已转手，质量未臻完善，我自然裹足不前了。

以往烧鸡、扒鸡和熏鸡流行时，我常买整只或半只回家，剁或拍碎些小黄瓜垫底，慢慢撕着鸡，一条条呈现，其上覆些香菜，先放冰箱里。临吃之际，浇点蒜蓉汁，先吮其骨，再食其肉，夏日搭配啤酒，冬日就着白干。一人悄悄地吃，"自斟自享自快活"，真个是"逍遥似神仙"。而今好鸡难得，往日情趣不再，只能将此等快意长留内心深处啦！